国家社科基金
GUOJIA SHEKE JIJIN HOUQI ZIZHU XIANGMU
后期资助项目

东北地区城市收缩的空间结构与体系协同研究

Study on the Spatial Structure of Urban Contraction and System Coordination in Northeast China

张明斗 著

中国财经出版传媒集团

经济科学出版社
Economic Science Press

国家社科基金后期资助项目
出版说明

后期资助项目是国家社科基金设立的一类重要项目，旨在鼓励广大社科研究者潜心治学，支持基础研究多出优秀成果。它是经过严格评审，从接近完成的科研成果中遴选立项的。为扩大后期资助项目的影响，更好地推动学术发展，促进成果转化，全国哲学社会科学工作办公室按照"统一设计、统一标识、统一版式、形成系列"的总体要求，组织出版国家社科基金后期资助项目成果。

全国哲学社会科学工作办公室

前　　言

　　作为新时代区域发展的中心和人类活动的主体空间，城市面临着诸多的发展新动向与新问题，城市收缩就是其中重要的体现。在以德国、美国为代表的部分发达国家出现城市收缩的背景下，中国的部分城市也开始呈现出局部收缩的危机，构成新型城镇化面临的挑战，也成为经济地理学者、城市规划学者和城市经济学者所关注的主流和前沿话题。改革开放之前，我国城市化进程缓慢，城市化水平相对低下，城市发展存在巨大的可开发空间。然而，改革开放之后，城市发展逐渐进入了高速前进的时期，伴随城市化的快速发展，人口膨胀与城市空间的扩张问题也逐渐显露，人口与经济的单位活动空间被挤压，若进一步发展，从理论而言，城市将会出现人口的疏散，发生集聚型城市化向扩散型城市化的转变。然而，我国目前的城市化依旧处于中期阶段，尚未达到欧美发达国家的城市化后期阶段，也没有呈现扩散型城市化迹象，但却出现了城市收缩的现象，这足以引起我们的注意。

　　纵观全球城市化的发展状态，大部分城市都在经历着繁荣与衰退的交替，在某些地区，衰落与萎缩成为目前城市发展的大方向。如地理学家所述，城市在发展过程中也必将经历生与死的发展过程，第二次世界大战之后全球众多城市都实现了城市化水平稳步提升的构想，这种持续性的城市增长使得人们渐渐忽视城市人口的衰减，事实上，全球众多城市的人口数据都一致表明，不论是发达国家的城市还是发展中国家的城市都在经历着人口大幅减少的历程，目前城市收缩现象已经开始成为一个共识，受到理论界和政府部门的高度青睐。从英国、比利时、芬兰到意大利，从俄罗斯、哈萨克斯坦到中国，城市收缩现象已无处不在，收缩地带正在全球蔓延。因此，近年来城市收缩的相关话题开始引起学术界以及政府人员的关注，成为当下研究城市经济的一个重要议题，并逐步展开众多有关的理论研究与实践活动。2012年，以德意志联邦文化基金会为主的相关机构启动了"收缩的城市"研究计划，开始对城市收缩进行系统的探究，力求分析城市收缩的现状与发展方向。相比较而言，国内虽然尚未形成有力的组织，但是众多学者已经开始关注这一领域，并在国外研究理论的基础上，对国内收缩城市进行了深刻探讨。本研究正是基于这一现实背景，将东北地区城市收缩的空间结构与城市体系协同发展作为研究选题，探讨我国东北地区城市收缩的基本状况，并据此研究东北地区城市收缩的空间结构与城市体系的协同发展，这对于达成东北振兴的战略意图、推动我国城市经济和谐快速发展、加速区域协调机制形成以及加快经济转型升级进而实现我国现代化和中国梦有着重要的理论与实际意义。东北地区属于国家发展战略中关注的重点区域，在原有的经济地位不断下滑与经济形势萎靡不振的大背景下，该区域的城市问题逐渐受到社会各界的高度关注，它所引发的不单纯是东北地区的发展问题，更关系到国家发展的全局。

东北地区作为我国重要的老工业基地之一，长期以来多以资源型经济发展为主，资源型城市数量多、分布广，是我国最早兴建的资源型城市区域，特殊的发展历程造成资源乃至城市问题更为严峻，各种社会经济问题相对于其他地区更为集中和明显。再加上东北地区特殊的地理位置，导致东北地区逐渐呈现出典型的城市收缩现象，其人口流失也加剧了经济社会发展的风险。

本研究尝试着沿用"东北地区城市收缩空间结构与特征→东北地区城市收缩的作用机理→东北地区城市收缩的经济发展效应→东北地区城市收缩典型案例剖析→国内典型区域城市收缩对比分析→东北地区城市收缩应对规划与体系协同策略"这么一种思路链条展开探讨。首先，选取了广义范围内的东北地区作为研究对象，对其城市收缩的空间结构与特征进行了详细分析，并且依据工业化进程报告对东北地区各城市的经济发展现状进行了初步了解，这对于全方位理解这一区域城市收缩具有重要的铺垫价值。同时，对于东北地区城市收缩的空间结构主要从地级及以上城市的宏观尺度、市辖区（县）收缩的微观尺度两大层面进行阐述说明。并且根据空间结构的基本特征将东北地区出现收缩的城市分为全域型收缩、中心型收缩、边缘型收缩三种主要类型。在此基础之上，从人口年龄结构特征、人口社会结构特征、人口性别结构特征及流动人口结构特征四大维度来分析不同收缩类型城市的基本空间特征。其次，在东北地区城市收缩的作用机理方面，从城市收缩程度以及城市内部收缩程度两个层面展开分析，并通过构建东北地区城市收缩的作用机理模型，利用面板混合回归模型及Ordered Probit 模型对其进行分析，得到不同经济社会因素对于城市收缩程度、城市内部收缩程度的作用方向及力度。即社会抚养负担、人口受教育程度、劳动力数量、城市环境、城市经济增长水平、对外开放程度等社会经济因素对东北地区城市收缩有负向的阻碍作用；城市化水平、人力资本、产业结构高级化程度、劳动力价格、社会投资水平、政府财政负担等社会经济因素对其有正向的促进作用。再次，在东北地区城市收缩的经济发展效应方面，主要基于城市经济发展效率、经济总量两大维度进行分析，并构建出城市经济发展水平的综合评价指标体系且进行实证测算，甄别出城市收缩以及不同类型的收缩对城市经济发展所产生的影响。另外，在东北地区城市收缩典型案例的剖析和国内典型案例的对比分析中，先选取了黑龙江省伊春市作为基本案例进行深入剖析，对其城市基本概况以及城市收缩的基本特征和内在原因进行分析之后制定切实有效的战略措施。在探究东北地区典型区域的同时，为更加明确东北地区城市收缩的独特现象，深度挖掘城市收缩的中国特色，揭示其形成机制及内涵，还选取城市收缩现象较为明显的长江经济带和成渝城市群两大区域，对比分析了东北地区与这两大区域的城市收缩的异同点，更深入的了解东北地区城市收缩的空间结构与城市体系的协同发展。最后，在东北地区城市收缩应对规划与体系协同策略方面，基于前文的实证分析结果，考虑东北地区发展的现实基础，提出东北地区城市收缩应对的详细规划和城市体系协同发展的链条式思路。

本研究在综合运用理论分析和实证分析相结合、比较分析与综合分析相结合及典型案例与实地调研相结合等相关研究方法的基础之上，力求取得一定的创新。首先，本研究在综合考虑并构建出城市收缩理论分析框架的前提下，全面测算城市收缩的空间分布结构，并基于人口年龄结构特征、人口社会结构特征、人口性别结构特征、流动人口结构特征的变化等层面来分析东北地区城市收缩的空间特征。并进一步厘清城市收缩的类型，明确哪些城市属于全域型收缩，哪些城市属于中心型收缩，而哪些城市又属于边缘型收缩。这对于未来如何全面合理地制定东北地区城市收缩的应对规划和高质量城市体系协同策略具有理论指引意义，能够提升本研究的理论分析价值，也构成本研究的主要特色和创新之处。其次，在理论探讨的基础之上，实证分析东北地区城市收缩的作用机理，探索城市收缩空间异质性的影响因素，深度挖掘城市收缩现象发生的差异性成因，是城市收缩研究的趋势所在，也是本研究的特色和创新之一，既有的研究主要对城市收缩的空间格局展开分析，得出内在的分布规律，或者是从外部因素层面阐述城市收缩的形成机制，而对于城市收缩到底受哪些因素的影响，影响方向和力度如何以及城市收缩空间异质性的作用机理却没有形成系统性认识，特别是对于东北地区城市收缩而言缺乏更加微观细致的研究。再次，实证分析东北地区城市收缩的经济发展效应，为我国通过关注东北地区城市收缩继而推进城市经济转型发展提供了重要的实践基础。目前国内的相关研究都没有形成一个关于经济发展效应的系统化的实证研究，本研究主要通过分析东北地区城市收缩的经济发展效应，来全面判定出城市收缩的经济社会后果。明确了东北地区哪种类型的城市收缩对城市经济发展产生正向影响，哪种类型的城市收缩对城市经济发展产生负向影响，来为东北地区城市收缩的应对规划和城市体系协同发展策略制定提供重要参照。这也是关于东北地区城市收缩发展理论与实践的重要创新。最后，对比分析东北地区与长江经济带、成渝城市群的城市收缩，明确东北地区城市收缩的相对状况。本研究采取同样的测度方法及分析范式对长江经济带与成渝城市群的城市收缩做出整体性的研判和比较，甄别出东北地区城市收缩的相对特点和呈现比例，为有理有据地制定东北地区城市收缩的应对规划提供实践参照。这既构成比较模式下的创新之处，也属于研究实践状态的另一种创新认识。

　　因此，本研究尝试着对东北地区城市收缩问题展开探讨，通过城市收缩概念的提出，深化对城市化内涵的全面理解和引导东北地区城市经济的转型升级；通过城市收缩作用机理以及经济发展效应的分析，为城市非正常收缩的缓解与规避找到根源；通过对东北地区城市收缩典型案例以及国内典型区域的对比分析，可以发现城市收缩的发展既有共性也有个性，必须基于城市发展的现实基础加以引导；最后，基于前期的探究与分析，可以为城市收缩的应对规划与体系协同提供重要的理论与实践依据，从而促进东北地区城市发展水平的稳步提升。

目　　录

第1章 绪　　论

收缩正成为"新常态"席卷全球，引发一系列城市可持续发展问题。随着国际国内社会经济环境的变化，局部收缩也开始在我国部分城市显现。城市收缩是未来中国新型城镇化面临的挑战之一，也是城市经济、城市规划和经济地理学者亟须关注和研究的新命题。在新时代的发展背景与东北振兴的战略要求下，研究东北地区的城市收缩，明确其空间结构和城市体系协同发展策略，具有重大的现实意义。因此，本研究以此为切入点，立足于现有问题，对东北地区城市收缩的空间结构进行全面测算，明确其内在的空间特征，并对城市体系的协同发展进行分析，以期为高质量的城市发展规划编制和经济发展水平的提升提供政策决策依据和分析参照。

1.1　研究背景与意义

1.1.1　研究背景

城市作为多因素紧密联系的复杂系统，也具备"产生—成长—衰落—死亡"的生命周期（周恺，2015）。在历史时空维度下，每一次的技术革命、经济危机、结构转型、战争、灾害等都伴随着城市的兴起与衰亡（Rieniets，2009）。在工业化、后工业化和全球化发展浪潮的推进下，世界城市文明已经历了持续上百年的历史。第二次世界大战结束以来，伴随着发达国家的经济复兴，大量发展中国家兴起并纷纷进入到城市化的进程中，以至于快速城市化成为全球各国普遍追求的经济增长路径。然而，在经历了半个世纪的快速增长后，全球经济出现整体放缓和局部经济危机，一些地区的长期增长已经出现延滞、不可持续和不具有普遍性（Leo & Brown，2002；Savitch & Kantor，2003），而城市的局部收缩成为越来越常见的现象（Camaada & Rotondo，2015）。

"配第－克拉克定理"认为一国随经济发展，劳动力会从第一产业转移至第二产业，进而再转移至第三产业（苏东水，2015），这是劳动力转移的一般规律和趋势。改革开放 40 多年以来，经济社会发展迅速，经济成效日渐显现，而在这一过程中，大量农村人口涌入城市，城市化率快速上升（饶会林，2002）。劳动力在区域间迁移流动的速度加快，以改革开放初期沿海开放经济特区为代表的点状区域倾斜政策、以 20 世纪末"沿江沿线沿海"区域发展格局为代表的块状区域倾斜政策，以及以 21 世纪初"西部大开发"等代表的区域平衡政策，均伴随地区间投资机会和财政优惠的差异，引致了劳动力流动的形成（张学良等，2016）。根据相关数据统计，近年来中国流动人口的规模急剧增长，从 1982 年的 657 万人增加到 2010 年的 2.21 亿人，占总人口比例从 0.65% 增加到 16.53%（段成荣等，2013）。根据 2010 年第六次人口普查的数据显示，流动人口倾向集聚于少数部分城市，流动人口占比排名前 50 位的城市吸纳流动人口总数占全国的 72.74%，彰显出强劲的势头；其中上海、北京、深圳、东莞及广州排名位居前 5 位，这 5 个城市中吸纳流动人口占全国流动人口总数的 24.74%（夏怡然等，2015）。在大城市对于人口吸引力不断加强的现实情况下，相反的却是，中国部分地区和城市出现了收缩现象，26.71% 地级及以上行政单元、37.16% 县市（区）发生收缩，以中国东北地区和长江经济带收缩最为严重，且集中出现了"市区－市辖区"双收缩的现象（张学良等，2016）。但是，我国的城市收缩与美国、德国等西方国家收缩城市的人口规模持续减少和空间扩张相对停滞的主流特征并不相同，往往呈现出人口流失与空间扩张并存的悖论。在这些收缩城市中，当地人口的减少并未能遏制城镇建设用地的进一步增加，从而加剧了土地资源浪费、建成环境衰败等问题，成为我国城市化必须克服的痼疾（杨东峰等，2015）。2019 年 5 月份，国家发展改革委在《2019 年新型城镇化建设重点任务》中指出大城市需要全面放宽落户条件，但也要求收缩型城市瘦身强体，转变增量规划思维，盘活存量，引导资源和人口向城区集聚。这也是收缩型城市首次出现在国家级文件当中，印证出对城市收缩这一话题进行深入研究的重要性和现实必要性。

东北地区属于国家发展战略中关注的重点区域，在原有的经济地位不断下滑与经济形势萎靡不振的大背景下，该区域的城市问题逐渐受到社会各界的高度关注。随着东北振兴战略的深入推进，国家针对东北老工业基地债务负担、技术装备陈旧老化、资源枯竭型城市发展缓慢等问题出台了一系列政策，东北地区经济发展取得了显著成效，但单纯依靠政策推动并不能解决深层次的体制机制问题和产业发展中的结构性矛盾。事实上，当前东北振兴过程中的体制束缚仍未得到根本解决，国有经济比重高、市场经济活力不足、政府"放管服"改革不彻底等问题依然制约着东北地区总体经济发展水平。产业结构中的第二产业比重过大、产能过剩，甚至一些地区还存在大批高耗能高污染、低端化色彩浓厚的产业，国有大型企业改革举步维艰，民营企业、中小企业发展空间不足，高新技术产业发展滞后。更为关键且引起全社会广泛关注的是，东北地区还面临着人口结构失衡，人口持续流失，人口红利提前消失等诸多问题，它所引发的不单纯是东北地区的发展问题，更牵扯到国家发展的全局。根据《全国资源型城市综合分类（2013）》，全国范围内已界定的资源型城市共计 262 个，东北三省所包含的资源型城市共有 37 个，占 14.12%，其中辽宁省 15 个，吉林省 11 个，黑龙江省 11 个。这些老工业收缩城市普遍存在着环境恶化、物质空间衰败以及社会经济矛盾突出等一系列问题，众多的城市问题中，城市收缩构成问题中的关键。东北地区作为我国重要的老工业基地之一，由于受到少子化、边缘性、制度变迁、资源枯竭等问题影响，出现了典型的城市收缩现象，其人口不断流失加剧了经济社会发展的风险（张学良等，2016）。针对东北地区的城市收缩现象，现有研究主要集中在对于典型城市（如伊春）的剖析，通过对比西方的资源型收缩城市，研究认为：伊春人口收缩的原因比较复杂并伴随有"退二进一""逆城镇化"等特殊现象（高舒琦等，2017）；限定在某一行政区域的探讨，考察区域内人口收缩情况（马健，2016）；分析东北老工业基地城市衰退现状和精明收缩的意义，探讨老工业基地精明收缩的目标、思路和限制因素（赵家辉等，2017）。在这样的社会背景下，需要对该话题展开全方位研究，为什么会出现城市收缩现象，东北地区城市收缩的空间分布结构如何，又存在怎样的空间特征，产生这种收缩状态和空间特征的作用机理是什么，以及这种收缩到底对城市发展产生正面影响还是负面影响，如何通过实证结果的分析制定出城市收缩的应对规划和城市体系协同发展策略，均要求有一个系统性的认识。

1.1.2 研究意义

在已有研究基础上，本研究试图从更精准的角度对东北地区城市收缩的空间结构、内部特征及作用机理展开探索性分析，明确东北地区城市的宏观空间结构体系和所辖区县的微观空间结构体系，以期为未来东北地区城市的发展规划及空间布局提供实证参考依据。本研究正是基于此种基调，对东北地区城市收缩的空间结构、作用机理、经济发展效应与城市体系协同发展策略等内容展开探索性研究，对于东北地区未来城市的全面科学规划以及城市发展战略的制定具有重要的理论和现实意义。具体来看：

（1）本研究在充分梳理国内外城市收缩的相关研究基础之上，综合考量城市发展实际，全面构建出较为完整的理论分析框架，并对城市化发展理论进行总结与补充，归纳概括出城市收缩形成机制的一般性规律和比较分析国内外城市收缩的特征，探讨其内在的差异性特质，有助于进一步丰富和完善城市化理论和城市收缩的基本要义，高度拓展城市化理论的应用范畴，为我国未来城市的理性发展和合理规划提供强有力的理论支撑。

（2）目前国内关于城市收缩的研究仍处于起步阶段，对于整个东北地区城市收缩问题依旧还没有形成系统性的分析，缺失更加精确和微观的探讨。本研究将从更为微观的层面，系统性探讨东北地区内城市收缩的现象，利用 41 个市域和 342 个县域单元的数据来细致完整地描绘整个东北地区城市收缩的现状；同时结合其域内城市收缩的空间异质性和作用机理，分析现有城市收缩的动力机制，解释城市内生动力与外生动力的变化情况，从而为城市规划和城市精明收缩的策略制定提供新的依据，既有利于促进城市土地节约集约利用，也有利于强化城市增量配置的杠杆效应。

（3）本研究通过对东北地区城市收缩状况的空间特征及其城市体系的系统分析，有助于引导城市发展更加关注城市化区域建设，实现单体城市向多中心城市的转变。东北地区城市收缩的研究能够引起相关部门注重城市连绵体和城市体系的协同化发展，重塑城市空间结构，促成城市化区域的形成，为规划管理、政策实施及科学研究提供崭新的空间尺度，为提高城市规划适用性和城市统计科学性提供政策启示。

（4）本研究将针对东北地区的城市收缩问题从全球化"空间修复"带来的区域空间重塑视角进行探讨，有助于从规划角度为东北地区整体的产业发展提供参照价值。按照城市发展的基本逻辑，从"产业发展—就业需求增加—人口集聚"来分析城市的空间需求，综合考虑城市所在的资源、环境、区位条件限制，为实现城市空间的科学合理扩张提供参考，而这其中产业规划发挥了关键性作用。本研究通过对于东北地区城市收缩状况的分析，有助于为未来产业发展规划提供基本思路，促使东北地区进行合理有序的产业承接，实现产业带动城市发展的优质效果。

1.2　研究思路与方法

1.2.1　研究思路

本研究立足于东北振兴这一宏观背景和东北地区城市收缩这一事实，在践行城市可持续发展和城市化质量提升的指导思想下，以提高城市化效率、城市建设质量及实现城市精明收缩为根本目标，对东北地区城市收缩的空间结构及城市体系协同发展展开全方位综合性研究，为编制高质量的城市规划和制定高效率的城市化运行政策提供借鉴。具体技术路线图如图 1-1 所示。

本研究主要有以下内容：

第 1 章论述了本研究的研究背景、意义、方法、思路、国内外研究进展、创新点、拟解决的关键问题等主要内容，为本研究奠定准确的研究框架和思想基础。

第 2 章构建了城市收缩的理论分析框架，在对城市收缩、城市衰退、精明增长、精明收缩等关键性相关概念内涵进行系统性界定的基础之上，对城市收缩的过程机制、表现类型和基本目标进行了重点论述；而且城市收缩与城市化存在着根本性的联系，了解城市收缩必须厘清城市化的集聚与扩散机制。故此，本部分紧接着对城市化的运行规律、集聚机制和扩散效应展开分析；为体现本土化的色彩，比较分析了中外城市收缩的基本特征。

第 3 章重点研讨了东北地区城市收缩的空间结构与特征，从地级及以上城市的宏观尺度和市辖区（县）的微观尺度来分析收缩的空间格局，在此基础之上，归纳概括出城市收缩的结构特征，包括全域型收缩、中心型收缩和边缘型收缩三种主要特征类型，并从人口年龄结构特征、人口社会结构特征、人口性别结构特征及流动人口结构特征四大维度来分析东北地区不同收缩类型城市的基本空间特征。

第 4 章实证分析了东北地区城市收缩的作用机理，明确了城市收缩到底受哪些作用因素的影响，得出了不同的作用因素对不同的城市收缩类型所产生的影响深度，通过了实证检验，并进行了排序比较。

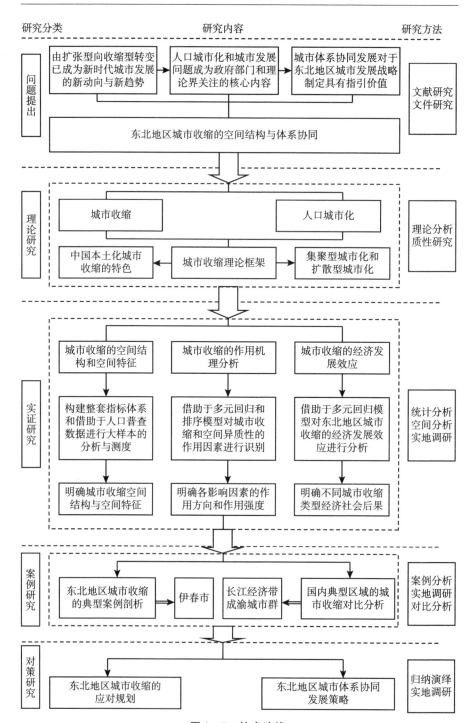

图1-1 技术路线

第 5 章实证测算了东北地区城市收缩的经济发展效应，弄清楚哪种类型的城市收缩对于城市经济发展产生正向促进作用，哪种类型的城市收缩对于城市经济发展产生负向阻碍作用。对于前者要持续正视城市发展的一般规律，对于后者要进行理性控制和精明收缩，以此来正确判定城市收缩的经济社会后果。

第 6 章为东北地区城市收缩的典型案例剖析，伊春市作为东北地区城市收缩的典型城市备受理论界和政府部门的高度关注，本章以伊春市为例，多系统多维度分析伊春的城市收缩相关内容，对于其他类型的收缩城市，尤其是资源型收缩城市具有重要的借鉴意义。

第 7 章为国内典型区域城市收缩的比较分析，本章选取国内具有典型代表性的长江经济带和成渝城市群来做对比分析，甄别出东北地区城市收缩与二者的内在本质区别，从中吸取经验借鉴，以期为实现东北地区城市发展贡献力量。

第 8 章为东北地区城市收缩应对规划与体系协同策略。本章主要根据东北地区城市收缩的空间结构、空间特征、作用机理及其经济发展效应的分析评价结果，在厘清整体规划安排与某一具体规划的关系、系统规划链条与某一规划环节的关系、规划顶层设计与规划分层对接的关系、规划统一性与规划差异性的关系、长期性规划与阶段性规划的关系五大关系的基础之上，从弹性规划、适应性规划、韧性规划等多个角度，合理制定出东北地区城市收缩的规划路径。并依据该规划路径，从东北地区城市层级体系出发，制定出具有可行性和可操作性的协同发展策略，形成错落有致的城市体系协同发展新格局。

第 9 章为结论和展望，总结已有的研究结论，并提出东北地区城市收缩未来的研究趋势和愿景。

1.2.2 研究方法

本研究在坚持"顶天立地"的大原则下，遵循从抽象到具体的研究方法，对东北地区城市收缩的空间结构与体系协同研究展开论证，具体研究方法包括：

（1）理论分析与实证分析相结合的研究方法。本研究从多个层面全方位构建出城市收缩的理论框架，属于理论分析法的具体应用；对东北地区城市收缩的空间结构、空间特征、作用机理以及经济发展效应的分析等均属于实证分析法的具体应用。因此，理论分析与实证分析相结合的研究方法是本研究的首要研究方法。

（2）比较分析与综合归纳相结合的研究方法。对比分析中外城市收缩特征、城市收缩的异质性以及作用机理的差异性，东北地区与长江经济带、成渝城市群城市收缩的内在本质区别，属于比较研究法的分析范式；根据东北地区城市收缩的空间结构、空间特征、作用机理以及经济发展效应的实证结果，综合归纳出东北地区城市收缩的应对规划和城市体系协同发展的具体策略，属于综合归纳研究法的具体运用。因此，比较分析与综合归纳相结合成为本研究的重要方法。

（3）典型案例与实地调研相结合的研究方法。本研究选取伊春市作为典型案例来进行全面剖析，以点带面，折射出东北地区城市收缩的鲜明特点和亮点特色；选择国内城市收缩显著的长江经济带和成渝城市群两大区域，与东北地区城市收缩进行比较分析，这属于典型案例剖析法的具体运用。同时，将伊春市作为典型案例，并对该城市进行多维度的实地调研，明确伊春市城市收缩的一般特征和基本规律，并全面梳理出城市收缩的内在成因，以期全面掌握第一手资料，为未来东北地区城市体系的协同发展提供支撑，属于实地调研法的具体应用。因此，典型案例与实地调研相结合也构成本研究的重要方法。

1.3　国内外文献综述

20世纪60年代欧美发达国家经历衰退、产业结构调整与经济体制转型后，出现了城市失业率上升、产业发展迟缓、经济低迷、交通堵塞、城市环境恶化现象，且衍生出大量的社会现实问题，这一城市发展衰退事实引起国外学者的极大关注，将这种现象称之为"城市收缩"。城市收缩属于发达国家工业化和城市化进程中的一种普遍现象，对于发达国家经济社会变革、城市空间结构转变有着深远影响，在对城市收缩有效治理过程中形成的精明收缩与弹性城市理论对快速发展的工业化国家具有积极的借鉴意义（马佐澎等，2016）。

1.3.1　国外文献综述

目前国外学者对于城市收缩的研究主要集中在以下几方面：

（1）城市收缩内涵。城市收缩的理论起源一般从城市化阶段、产业生命周期、资本积累与循环、区域劳动分工、人口变迁等方面进行解释（Haase et al，2014；Martinez et al，2014）。目前关于城市收缩尚未形成统一的认识，克拉克（Clark，1989）、腊斯克（Rusk，1995）指出城市收缩通常表现为人口流失、失业人口急剧增加以及街区生活质量下降等现象，且存在着一定量的社会后果。布兰德施泰特（Brandstetter，2005）认为城市的收缩与增长不可避免，属于自然增长与自然衰退的过程，并具有一定的周期性及规律性。城市行政区划面积的减少，不是城市空间或建成区的减小，而是城市人口流失导致的人口密度降低（Lotscher，2005）。奥斯瓦尔特和里涅茨（Oswalt & Rieniets，2006）指出城市收缩是指大量城市居民暂时或永久性流失，人口流失数量占总人口的10%或年均人口流失率大于1%。格罗斯曼（Grossmann，2007）认为，"城市收缩"直到最近才出现在城市规划和发展中并采用与之类似的形容——"城市衰退"（urban decline）。城市收缩在城市规划中的应用体现在"精明收缩"的提出。席林和洛根（Schilling & Logan，2008）认为城市收缩在空间上表现为资产废弃、厂房闲置、场地荒废的老工业区等。帕拉吉斯特和魏切曼（Pallagest & Wiechman，2008）则从城市人口密度的角度看待城市收缩，是某一地区的城市人口密度由相对集中到不断减少的过程，同时伴随着经济衰退和产业结构性危机。克里斯蒂娜和伊蒙（Cristina & Ivonne，2012）将经历人口减少、经济萎缩、失业人口剧增和社会动荡等现象界定为城市收缩，可发生在不同的城市空间范畴内。

（2）城市收缩的原因分析。关于城市收缩的原因分析，国外学者主要集中于四大层面，一是全球生产系统重构所伴随的去工业化和郊区化现象背后的城市收缩，城市在其未来的发展进程中难以找到适合自身的竞争优势和比较优势，这主要表现为曼彻斯特、利物浦、底特律等城市（Beauregard，2011；Pallagst Wiechmann，2012；Martinez et al，2012）。二是由于老龄化、自然出生率下降以及人口的正常迁移所产生的人口结构变化背后的城市收缩，重点表现为大阪、北海道、阿维尼翁等城市（Cunningham，2009；Yasuyuki，2013；Richardson，2014）。三是政治剧变、自然灾害、国家战争等所导致的城市收缩，由于经济结构和政治体制的剧烈性变化造成的人口流失规模增加，城市失去了原始的发展生机和活力，如莱比锡、伊万诺沃、新奥尔良、斯特拉瓦等城市（Mykhenko，2008；Rieniets，2009；Rumpel，2013）。四是全球化所引发的城市收缩现象。全球化催生了竞争力强的"全球城市"，也抑制了全球市场对传统工业区产品的需求量（Wiechmann，2008）。在现有的国际竞争环境的压力下，投资、生产环节发生的全球化导致一部分老工业基地难以存活下去，出现明显的城市收缩现象（Martinez-Fernandez，2012）。特别是那些高度依赖特定产业和经济支撑的城市，在全球化的进程中更易受其影响（Bontie，2005）。

（3）城市收缩的空间模式。国外城市收缩主要集中在区域中心地区及城市，美国大底特律地区、锈带地区、英国大伦敦地区等，中心城区人口在去工业化、郊区化等动力因素的共同作用下，大量向外围迁移导致中心区空心化现象，形成"中心空洞，边缘丰满"的收缩城市空间模式。关于城市收缩的空间模式，通过对国内外已有研究进展和实际观察来看，重点包括城市内部收缩模式和城市外部收缩模式。前者包括以英国格拉斯哥为代表的圈层模式（Pacione，2004）、以法国巴黎为代表反圈层模式（Emmanuel，2007）、以美国底特律城为代表的星状模式（Philipp，2006）和以原民主德国城市表现最为突出的穿孔模式（Funrich & Robert，2005）；后者包括以德国东部地区城市表现最为典型的区域边缘化模式（Philipp，2006）、以法国中小城市（＜5 万人）为代表的中小城市收缩模式（Cunningham，2015）、以英国大城市（15 万~45 万人）或都市区（100 万~250 万人）为代表（伦敦除外）的大城市收缩模式（Cunningham，2015）。

（4）城市收缩面临的问题。城市收缩过程中面临一系列现实问题，一是人力资源匮乏。持续的人口流失导致收缩城市必须面对人力资源枯竭问题，城市的竞争力度会大幅度降低（高舒琦，2015）。二是公共财政危机。绝大多数地区的可支配财政收入主要来自个人和企业，经济下行和人口减少势必会导致税收的降低（Bernt，2009）；还会间接导致城市内闲置住房数量的增加，降低了收缩城市中房屋价值、压缩房产税收入（Pagano et al，2004）。三是空置问题。人口减少自然使得收缩城市中的房屋与土地空置率迅速上升，空置现象除了造成不动产相关税收减少外，还对城市环境、公共安全与卫生等领域造成了极大的影响。如果不对这种空置问题进行政府干预，将会蔓延到城市周边街区，甚至可能跨越城市行政边界，传染到郊区（Schilling，2006）。四是城市规划难题。由于原有的规划多为城市增长型规划，城市一旦发生收缩现象，规划的一致性和有效性将大打折扣，不利于城市规划的顺利实施与开展；由于城市控制建筑和土地对新的投资者吸引力较小，成为规划中的重要难点问题（Schetke & Haase，2008）。

1.3.2　国内文献综述

随着中国城市化水平在 2011 年跨越 50% 的拐点，建立在增长主义模式下的城市发展导向带来的一系列诸如农村空心化、"鬼城"、城市环境恶化等问题日渐显露。根据中科院 2010 年发布的《中国科学发展报告》，下一个十年我国城市将陆续面临人口零增长的局面，面临出现大规模"收缩城市"的风险。经济新常态下我国经济增速的总体放缓和区域发展差异的扩大，经济和人口的"局部收缩"将成为越来越常见的发展现象（吴康等，2015；龙瀛等，2016）。赵丹、张京祥（2018）认为中国特殊的政治经济环境使得我国的城市收缩呈现出收缩与扩张并存的特殊景象，这在竞争此消彼长、分化日趋明显的竞争性区域中表现得尤为突出，因为不同于资源枯竭型城市的"绝对收缩"，竞争性区域中的城市收缩通常是在保持较高经济及空间开发增速前提下的"相对收缩"。龙瀛等（2014）较早对中国城市收缩现状进行研究，通过 2000 ~ 2010 年人口密度的变化情况指出我国部分城市开始显现收缩趋势，共有约 180 个城市发生不同程度收缩。研究表明，在过去的十几年内，我国城市利用土地扩张迅速，城市空间呈"摊大饼"式的发展态势，但城市人口密度减少为原来的1/2，进而证明了中国城市不能这样无限增长。毛其智等（2015）基于 2000 年和 2010 年两次人口普查数据发现了我国不同尺度的城市、城镇均有较为明显的人口流失。张学良等（2016）利用两次人口普查数据，从地级及以上行政单元和县市（区）两种空间尺度来识别了中国的城市收缩格局，并界定了广义的城市收缩和狭义的城市收缩；通过数据分析发现中国 26.71% 地级及以上行政单元、37.16% 县市（区）均发生收缩。吴康等（2015）根据全国人口普查资料，通过分析城镇常住人口、户籍人口、就业人口等指标来探测京津冀地区和长三角地区城市收缩格局，研究结果显示，京津冀区域有接近 1/5 市县区，长三角地区接近 1/2 的市县区表现出局部收缩趋势，而且城市收缩正在逐渐加强，并且指出导致我国城市收缩的因素与形成机制非常复杂，区域性特征明显。马健（2016）通过考察辽宁省城市（含县城）收缩的特征、趋势与影响因素，认为辽宁省全省 58 个城市中有 1/3 的城市出现了人口收缩，收缩程度较低，形成类似"人"字形的收缩连绵带，且程度较为严重的城市城区人口收缩和城市辖区内农村人口收缩塑造了辽宁省人口收缩的基本形态。刘玉博、张学良（2017）分析了武汉城市圈城市人口分布空间格局变化，识别城市收缩现状，并以黄冈市为例，分析其城市收缩的背景、现状。张伟等（2019）围绕人口、经济、空间三核心要素多维度构建城市收缩概念体系，并对2010～2015年各类收缩城市的空间分布特征以及内在驱动机制进行科学识别。张明斗等（2019）将城市收缩与高质量发展进行有机结合，创新城市收缩划分标准，并依据内在机制划分为四种类型，探寻高质量转型路径安排。

国内学者根据中国城市的现实状况，也提出了三种关于收缩城市的界定标准：一是两次人口普查期间（2000～2010年），常住人口、户籍人口、总就业人口的减少（张莉，2015；吴康等，2015）；二是人口密度下降（龙瀛等，2014）；三是5年以上人口年均增长率出现负值的城镇，并且按人口年增长率（R）分为四类：快速增长（R≥5%）、增长（0%≤R<5%）、收缩（-2%≤R<0%）、显著收缩（R<-2%）（李珣等，2015）。

关于城市收缩模式的问题，学者们也进行了大量相关研究。李郇、杜志峰（2015）等从经济、人口和用地三个维度，对东莞市内不同类型特征的城镇进行区分，将其划分为持续增长、转型增长、潜在收缩与显著收缩四种类型，其中增长城镇与收缩城镇在空间分布层面具有较高集中度，呈现"中部增长－西北部、东南部收缩"的特征。吴康等（2015）根据2000年及2010年的人口普查数据及相关经济数据，将京津冀和长三角的城市收缩划分为：欠发达外围收缩、特大城市中心城区收缩、工矿业收缩、行政区划调整收缩以及县城、乡镇、小城镇收缩5种类型，京津冀收缩集中于冀中南平原，长三角收缩区呈现空间连绵，集中于苏北、浙西南及安徽大部分地区。周恺等（2017）从省域、地州市、县市区和乡镇街道4个空间尺度对湖南省人口收缩现象进行分析，通过比较人口、城镇化和经济增长数据，将湖南省范围内的城市收缩分为三种类型："中心袭夺型""空心衰减型""资源枯竭型"；进一步研究表明，人口向地级、县级中心城市周边集聚，县级城市是湖南省人口增长/收缩的损益边缘。张京祥等（2017）将中国当前的城市收缩划分为趋势型收缩、透支型收缩与调整型收缩三种类型，其中前一种类型是欧美国家最常见的类型，后两种则更多的是中国特定国情下的产物。张明斗、曲峻熙（2018）聚焦于城市精明收缩空间新模式，通过对精明收缩理论框架的合理搭建，提出了精明收缩的有效实施路径。朱金等（2019）专注于对上海特大城市的郊区合庆镇收缩的内外部机制进行探讨，积极探寻城镇精明收缩新路径。针对东北地区的城市收缩现象，高舒琦、龙瀛（2017）以伊春市为例，探讨了城市收缩的基本情况，并指出伊春市实际上是由一个小型的收缩城市与十余个收缩的小城镇共同组成的"收缩城市"，之所以会出现这种现象主要在于伊春市的人口收缩有着更为复杂的成因并出现了"退二进一""逆城镇化"等特殊现象。孟祥凤等（2019）通过熵值法与收缩度模型对吉林省四平市城市紧凑度与收缩度进行测算分析，研究发现城市紧凑度对人口流动、城市收缩影响最大。同时，更多学者关注到县域和乡村范围内严峻的人口收缩（陈川等，2016）。乡村范围内的人口流失和房屋废弃则形成了"空心村"。龙花楼等（2009）、刘彦随等（2009；2010）围绕空心村的演化特征、动力机制和地理学整治展开研究。基于此，赵民（2014）等提出在国家城市化历史进程中，城镇与农村人居空间要秉承不同的发展理念，前者要"精明拓展"，后者要"精明收缩"。杨振山、杨定（2019）基于2000年与2010年社会经济数据，以县域为单元对我国城市收缩现状进行全面评估，论述了我国城市收缩的整体格局。

关于城市收缩的原因，学者们也进行了深刻剖析。对于我国资源型城市、传统重工业城市，以及欠发达地区的中小城市、城镇而言，经济全球化背景下的城市竞争力不足、生产要素流失导致的人口流失是其收缩的主要原因。工业化的深入发展促使地区间经济社会发展不平衡、不公平等问题产生，在形成了长三角、珠三角和京津冀等工业城市群的同时，也导致了中西部大量"空心镇""空心村"的产生。城市无序蔓延导致的"中国特色"城市收缩也值得注意，这种情况主要集中在城市的新城新区，城市前期盲目扩张但后续增长乏力而造成的供给严重过剩的危机，若内外发展环境、动力基础长期难以改善，就会造成扩张型城市收缩。总体来看，中国的城市收缩是市场资源配置与政府规划严重不匹配导致的城市发展失序的结果，具体体现为部分城市产业结构调整困难而产生衰退、城市发展出现结构性失衡与供给过剩。中小城镇收缩表现最为明显，由于产业结构单一、生态环境受到破坏、人口外流，其城市收缩成为必然，但中国正处于城镇化高速发展的阶段，大城市群不断崛起，在增长掩盖下的收缩往往被忽视。

1.3.3　国内外文献简评

从有关城市收缩的国内外研究文献来看，国内外学者对于城市收缩问题展开了大量研究，主要集中于以下几个方面。在研究内容上，已有的研究主要集中于城市收缩的内涵、形成机制、空间模式等层面，总体而言，多数是从定性的角度进行分析，或是基于典型城市的案例剖析，或是基于典型区域的个案总结，由点到线再到面的规律推演较少，多是一些特征的展现和描述，对内在的、能够推广应用的系统性规律缺少想法；特别是在城市收缩的内涵界定、识别标准、作用机制及经济发展效应等层面的研究内容稍显薄弱，需要进一步加强和完善。在研究对象上，国外对于城市收缩的研究包括了去工业化、老龄化、郊区化、全球化等所引发的不同的收缩城市，而国内关于城市收缩的研究主要集中于资源枯竭型城市、老工业城市、民族边境城市以及空心镇、空心村等领域。然而，伴随着我国城市化的推进和老龄化程度的加深，一些城市群、经济带以及大都市带等也开始出现收缩的迹象，为此就需要持续强化对不同类型、不同尺度、不同规模、不同结构的城市收缩和区域收缩的研究，更为全面和系统地识别出中国城市收缩的整体空间格局。在研究方法上，城市收缩的研究还是多集中于定性方面，虽然一些学者采用问卷调查的形式来进行微观的测度和分析，但在尺度和精度上却无法很好地保障效果的完整性和真实性；尤其在我国目前严格的行政区划体制下，由于缺乏基于功能地域界定的"城市"范围，人口等社会经济统计数据的基本单元为行政区划，而频繁的区划调整、"户籍"和"常住"不对接的人口统计口径，导致所统计的人口数据可靠性欠缺，更将"收缩城市"的界定推向了一个不可比且莫衷一是的尴尬境地。①

东北地区作为我国重要的老工业基地之一，由于受到少子化、边缘性、制度变迁、资源枯竭等问题影响，出现了典型的城市收缩现象，其人口不断流失加剧了经济社会发展的风险（张学良等，2016）。然而，目前已有的研究仅是局限于单个城市圈或单体城市的收缩问题，而对于东北地区城市收缩的空间分布格局、空间结构特征的研究却没有开展。同时，东北地区城市收缩及所存在的空间异质性到底受哪些作用因素的影响、城市收缩对城市发展的影响怎样以及在城市收缩的现实背景下应当如何实现城市体系的协同发展也有着值得深入探讨的价值，其系统性分析和深度挖掘对于指导东北地区未来的城市规划和推动城市理性发展具有重要的实践意义。本研究正是在这样的现实背景下，试图从更加精准的视角对东北地区城市收缩的空间格局、内部特征及作用机理展开探索性分析，明确东北地区城市的宏观空间结构体系和所辖区县的微观空间结构体系，以期为未来东北地区城市的规划发展及空间布局提供一系列的实证参考依据。

①　吴康，孙东琪. 城市收缩的研究进展与展望［J］. 经济地理，2017，37（11）：59－67.

1.4　创新点及拟解决的关键科学问题

1.4.1　创新点

本研究是对东北地区城市收缩的空间结构及体系协同发展的系统性分析，其创新之处主要体现在以下四大方面：

（1）在构建出完整的城市收缩理论分析框架基础之上，对东北地区城市收缩的空间结构和空间特征进行分析，论证了东北地区城市收缩的一般状态。已有研究重点从宏观层面对城市收缩的成因、空间模式及面临问题等展开分析和阐述。而对于东北地区城市收缩的研究过多集中在对于典型城市（如伊春）的剖析（高舒琦等，2017）或是限定在某一行政区域的探讨，考察区域内人口收缩情况（马健，2016）；或是分析东北老工业基地城市衰退现状和精明收缩的意义，探讨老工业基地精明收缩的目标、思路和限制因素（赵家辉等，2017）。然而，东北地区城市收缩到底呈现怎样的空间结构以及空间特征如何，却有待深入和挖掘。因此，本研究在综合考虑并构建出城市收缩理论分析框架的前提下，全面测算城市收缩的空间分布结构，并基于人口年龄结构特征、人口社会结构特征、人口性别特征、人口流动特征的变化等层面来分析东北地区城市收缩的空间特征。并进一步厘清城市收缩的类型，哪些城市属于全域型收缩，哪些城市属于中心型收缩，而哪些城市又属于边缘型收缩。这对于未来如何全面合理地制定东北地区城市收缩的应对规划和高质量城市体系协同策略具有理论指引意义，能够提升本研究的理论分析价值，也构成本研究的主要特色和创新之处。

（2）实证分析东北地区城市收缩的作用机理，探索城市收缩空间异质性的影响因素，深度挖掘城市收缩现象发生的差异性成因。已有的研究重点对城市收缩的空间格局展开分析，得出内在的分布规律，或者是从外部因素层面阐述城市收缩的形成机制，而对于城市收缩到底受哪些因素的影响，影响方向和力度如何以及城市收缩空间异质性的作用机理却没有形成系统性认识，特别是对于东北地区城市收缩而言缺乏更加微观细致的研究。因此，本研究基于面板混合回归模型以及排序模型分别对东北地区城市收缩的作用机理及城市收缩空间异质性的影响因素进行实证分析，明确了城市收缩以及存在的空间异质性到底受哪些因素的影响，深度挖掘了城市收缩现象发生的差异性成因。这对于东北地区未来合理的规避城市非正常收缩及实现城市精明收缩提供了实践参考价值，有助于实现用多维度因素解释城市收缩理论和实践的双重创新。

（3）通过构建计量回归模型，实证分析东北地区城市收缩的经济发展效应，合理判定出城市收缩的经济社会后果。理性对待城市收缩是城市规划中的重点和难点问题，关于城市收缩，到底是属于城市化发展规律的体现，还是城市畸形发展状态的体现，都是需要值得深入探讨的话题。而且已有研究成果对于城市收缩的经济发展效应缺乏一个系统化的实证分析，尚未给城市收缩一个合理的评判。因此，本研究通过构建合适的面板数据混合回归模型，实证分析东北地区城市收缩的经济发展效应，全面判定出城市收缩的经济社会后果。明确了东北地区哪种类型的城市收缩对城市经济发展产生正向影响，哪种类型的城市收缩对城市经济发展产生负向影响，影响程度如何，等等，以此为城市收缩的应对规划和城市体系协同发展策略制定提供参照。这在我国城市理性发展和东北振兴的社会大背景下，属于研究实践状态认识的一种创新。

（4）对比分析东北地区与长江经济带、成渝城市群的城市收缩，明确东北地区城市收缩的相对状况。东北地区已出现显著的城市收缩现象，然而，这种收缩的覆盖面如何，在国内大区域中处于怎样的收缩格局，是需要明确的问题。目前已有研究成果多关注的是中国大区域或是某个城市群抑或单体城市的收缩问题分析，而对于东北地区的城市收缩到底在国内整个空间范围内处于一种什么状态，又与长江经济带、成渝城市群之间的区别如何，缺乏一个全局性的把握。因此，本研究正是基于此种基调，采取同样的测度方法及分析范式对长江经济带与成渝城市群的城市收缩做出整体性的研判和比较，甄别出东北地区城市收缩的相对特点和呈现比例，为有理有据地制定东北地区城市收缩的应对规划提供实践参照。这既构成比较模式下的创新之处，也属于研究实践状态的另一种创新认识。

1.4.2　拟解决的关键科学问题

为了达成研究目标，本研究需要着力解决如下几个关键的科学问题：

（1）城市收缩到底是单纯的人口收缩，还是同时涉及经济收缩，这一问题目前仍旧无法得到真实的验证。尽管"人口流失经济衰退""人口持续减少并伴随着经济转型的结构性危机"这样的界定得到较多认可，但在实证研究中多以单一人口指标来衡量城市收缩，将人口收缩、经济收缩为典型特征的城市收缩内涵简化为人口收缩，使得城市收缩的理论内涵与实证内涵并不一致。① 虽然魏切曼（Wiechmann）等在理论上提出城市收缩应当将人口收缩和经济收缩全面涵盖，这种提法能够更为综合的反映出城市收缩的全貌，也具有指引性的作用。然而，在实际的研究过程中，这种思想却未被采纳，出现了理论与实际的脱节。在国外有关城市收缩的研究中，人口收缩是前提，同时经济衰退属于必备的隐性条件，也就是说在国外城市收缩的案例选取和研究的过程中，均是选择发生经济衰退的城市，在这样的背景下来分析时间轴上的人口收缩的严重程度。这与中国的城市收缩存在着较大的区别，中国的城市收缩多是从人口收缩的单一维度来进行识别，没有涉及经济衰退的意味。而人口收缩是否必然导致经济收缩这样的问题尚没有得到理论和实践的检验。因此，本研究带着这样的疑问对此问题进行了实证分析，明确得出不同的城市收缩模式对经济发展的影响方向和程度是不一样的结论，解决了理论界所产生的疑惑，构成本研究所要解决的首要关键科学问题。

（2）城市收缩的识别标准到底是什么没有一致的认识。对于城市收缩，学者们持有不同的衡量标准，主要集中于城市总人口减少和城市人口密度下降两方面的争议，前者多表现为一种人口绝对量的降低，后者多表现为人口相对量的缩减，反映出人口在城市空间内部的集散状态。综合已有的研究能够看出，学者们多数坚持用人口总量的减少来衡量城市收缩，体现城市增长或收缩的特征，但就具体的设定标准而言，存在着较大的差异性，这就导致国内外城市收缩的可比性较差。然而，在中国的大语境下，采用"五普""六普"期间人口数据的变动来反映城市收缩的居多，而且各区域间的可比性较强。为此，本研究在全面综合考虑城市收缩识别标准的前提下，为能够化解识别标准不一致的尴尬，形成有中国特色的研究框架，也采用"五普""六普"期间人口数据的减少作为东北地区城市收缩的衡量标准，为全方位识别出东北地区的城市收缩状况提供思想贡献和行动贡献，也成为本研究所要解决的关键科学问题。

（3）关于城市收缩的形成机理。国外学者多从全球化、老龄化、郊区化、去工业化、低生育率、环境恶化、气候条件、社会转型等多种维度分析城市收缩的形成机理；而中国以清华大学龙瀛为代表的城市收缩研究者

---

① 王晓玲. 收缩城市研究进展及战略思考［J］. 青岛科技大学学报（社会科学版），2017，35（1）：1 - 8.

们，基于实证分析的结果，认为国外城市收缩的这些因素在中国的城市收缩发展中解释力度不足，不能够全面真实反映城市收缩的基本成因，这就需要从中国自身的发展实际来多视角甄别其内在因素。国内外城市收缩的形成机理之所以会出现差异，与城市化的发展阶段及经济发展水平存在着紧密联系。按照城市化发展的一般规律，国外的城市化与工业化都已经步入后期的发展阶段，城市增长动力疲软，经济陷入停滞甚至衰退境地，外加城市人口的持续外流，便出现收缩城市现象。2018 年，中国的城市化率达到 59.58%，依然处于中期阶段，尚没有达到后期阶段，在未来的城市化进程中，这种年均超过 1% 的增速有可能会放缓，但是城市化总体水平仍旧处于稳步提升的状态格局中。同时，经济在由中高速增长转向高质量发展的过程中，作为区域发展的主体空间，城市仍将占据着主导地位，城市增长仍是主流趋势，这恰恰也成为中外城市化进程中最根本的区别所在。因此，本研究在综合考虑东北地区发展实际的背景下，系统性审视该地区城市收缩的形成机理，以期为全面分析中国的城市收缩提供由点到面的经验借鉴，构成本研究拟解决的关键科学问题。

（4）城市收缩的应对规划和城市体系协同发展策略制定。切合实际且行之有效的规划路径对于东北地区城市的精明收缩和城市体系的协同发展具有重要的推动意义。国内外学者多从城市规划的角度来应对城市收缩，然而，城市间如何实现协同发展进而抵御城市非正常收缩的恶果，实现城市精明收缩，却有待深一步挖掘。本研究在全面明确东北地区城市收缩的空间格局、作用机理及经济发展效应的前提下，如何依据这些实证分析结果和实地调研结果制定出完备的城市收缩的应对规划和城市体系协同发展策略，进而全方位指导城市规划和提升城市发展质量，以此实现东北地区城市的可持续发展，也构成本研究拟解决的关键科学问题。

第 2 章 城市收缩的理论分析框架

繁荣与衰退交替属于城市发展的普遍规律，过去的几十年里，伴随着经济全球化的发展、经济结构调整、产业转移，部分城市因经济活动聚集成为全球经济的热点，发展迅猛；但也存在着一些地区或城市由于竞争力的下降而不断衰退，城市收缩问题日益突显出来。中国在经历快速的城市化发展阶段后，尽管是取得了一定的成效，然而，建立在增长模式之上的顶层设计逐渐暴露出其不足之处，大量的"鬼城"是其表现特征之一，借鉴发达国家城市发展经验，引入"城市收缩"将为研究者及政府部门提供新视角来思考城市问题。因此，本章试图从多个维度来构建城市收缩的一般理论框架，以期为后续的实证开展奠定理论基础。

2.1 城市收缩的相关内涵辨析

2.1.1 城市收缩

城市作为有机的生命体，其发展本身也遵循"产生—成长—衰落—消亡"的生命周期，在经历过快速增长的发展阶段后将进入新的平稳发展甚至逐渐衰弱的阶段，从而进入新的循环周期，整个过程伴随着城市人口数量的变化。"城市收缩"一词最早来源于德语"schrumpfende städte"，最初表现为由于城市人口下降而导致的住房空置、公共基础设施大量剩余，从而引起城市经济发展恶化。德国对城市收缩的定义覆盖多个指标，例如，国内生产总值、GDP 增速、总人数的增长收缩比例、人口净迁移率的平均值、人口分布结构、家庭购买力、营业税、工商税、就业情况、失业率等。目前，城市收缩仍没有形成统一的定义，奥斯瓦尔特和里涅茨（Oswalt & Rieniets，2006）指出城市收缩是大量居民暂时或永久性地迁出城市，迁出的居民数量占城市总人口的10%或者人口迁出率的年平均值大于1%；席林和洛根（Schilling & Logan，2008）认为，人口迁出率大于25%且存在资产利用率低、厂房设备闲置、环境冷落等现象的老工业区就是典型的城市收缩；塔罗克和维赫年科（Tarok & Vykhnenko，2007）认为发展环境转恶、收入水平降低、城市吸引力弱化等多方面原因导致了城市的人口流失，城市的发展直接体现在人口总量的变化上，同时城市收缩的内涵远不止人口流失一个方面，衡量城市发展变化不能只选取单一的人口指标；帕拉吉斯特和魏切曼（Pallagest & Wiechman，2008）认为城市收缩或者收缩城市（shrinking city）是指某一地区的城市（单个城市或城市内的某个地域、镇甚至都市区）人口密度由相对集中到人口密度减少的过程，在人口减少的同时发生区域性经济下滑和产业结构性危机。随着研究的深化，克里斯蒂娜和伊蒙（Cristina & Ivonne，2012）认为城市收缩包括大规模失业、人口流失、经济衰退及社会不稳定等多个方面，城市功能区、小城镇、都市区等多种城镇空间都可能会发生城市收缩现象。国内学者龙瀛等（2014）将收缩城市定义为2000~2010年乡镇及街道办事处层面出现人口密度下降的城市，并在此基础上识别出180个收缩城市；李珣等（2015）按人口年增长率（R）将城市分为四类：快速增长（$R \geqslant 5\%$）、增长（$0\% \leqslant R < 5\%$）、收缩（$-2\% \leqslant R < 0\%$）、显著收缩（$R < -2\%$），其中一段时期（5年及以上）增长率显示为负值的城市定义为收缩城市；张学良等（2016）将收缩城市定义为两次人口普查期间（2000~2010年），人口增长率为负的城市，广义上表现为地级市（地区、自治州、盟）的收缩，在微观上表现为县市（区）的收缩。综合已有研究成果能够看出，城市收缩本质依旧是城市人口的缩减问题，故此，本研究在已有研究成果基础上，认为城市收缩是以城市人口总量的变化作为测度，其出现标志是在一段时间内城市空间出现人口持续的、大量的流失现象。然而，这里的城市收缩并非意味着城市发展的停滞或者是城市经济社会的倒退，而是一个中性词，这同时也隐含着对于不同的城市而言，收缩并不一定是坏事，也有可能会对城市经济发展产生正向影响，也有可能属于城市经济发展正常规律的体现。

2.1.2　城市衰退

对于城市衰退（urban decline），学者们也持有自身的观点。陶希东（2014）认为在内外部环境发生变化的情况下，一个城市的整体或局部地区的政治经济文化作用逐渐弱化、停滞甚至消失，这样的过程可以定义为城市衰退；表现为人口大量流失导致结构变化、去工业化、犯罪率上升、高失业率、废弃建筑物增多、环境恶化等现象。引起城市衰退的变化指标并不唯一，现阶段针对城市衰退进行的研究成果中表现最为显著的是人口流失以及产业在区域间转移造成的经济萧条。罗伯特（Robert，1993）认为城市衰退的内涵可以从三方面来理解：一是从城市作为文明和文化象征的视角来看，城市衰退意味着城市文明及民主制度的衰落，是对中产阶级价值观的损害；二是从生活方式角度来说，城市衰退会降低市民的生活质量及福利待遇，减弱城市作为能够提供文明生活方式的居住地的吸引力；三是从精神层面来讲，城市衰退意味着城市的创新意识、创新能力、民众的凝聚力、道德宗教等正面发展力量出现不同程度的弱化，放大城市消极情绪，加深了居民社会心理距离，严重制约城市功能的完善与培育。格罗斯曼（Grossmann，2007）认为，"城市收缩"直到最近才出现在城市规划和发展中并采用与之类似的形容——"城市衰退"（urban decline）。与城市收缩相比，"衰退"带有明显的感情色彩，暗示着城市"生命"的结束。随着发达国家基本完成城市化，城市增长主义面临终结，普遍的城市收缩不可避免，应以积极态度应对并寻求解决方法，而非消极回避，因此倾向使用"城市收缩"而非"城市衰退"。所以，本研究认为城市衰退是指在人口大量流出城市的进程中，城市经济发展动力不足所引发的城市整体空间结构的散乱以及相应城市功能的消失过程，属于典型的贬义词，虽然其与城市收缩都包括人口流失的现象出现，但是二者之间依旧存在着本质区别，深刻剖析内在的差异对于更为深层次的理解城市收缩具有对比价值。

2.1.3　"鬼城"

在深刻理解城市收缩内涵的条件下，必须全方位理解鬼城这一概念内涵。在地理学中，鬼城是指因资源枯竭而被废弃的城市。参考全国科学技术名词审定委员会的界定，由于经济、自然灾害或战争等原因导致人口稀少的城市被归类为鬼城。在我国，鬼城通常指代那些房屋空置率极高、居民总数极少以及夜晚几乎无照明的城市，例如，鄂尔多斯、营口、十堰等（王雅莉，2012）。之所以会出现鬼城，其形成原因主要有以下两点：一是土地财政影响下的盲目扩大城市用地规模，导致土地城镇化快于人口城镇化，而且后续基础设施建设不到位，城市土地低效粗放利用；二是地方政府主导的城镇化过程中政策失误导致的"鬼城",过度重视 GDP 的考核机制下,地方政府忽视市场调节,盲目发展房地产业造成当前市场上对于住房、土地的供给远远超出居民实际的需求,城市空间的使用率低,对住房和土地的实际利用率远低于预期。在国内,鬼城是最容易与收缩城市混淆的概念。鬼城专门指代中国新区发展的一种状况,强调作为市场主体的生产商在主观上对未来盲目乐观,预期严重偏离实际情况,过度建设导致城市土地利用率低,具有明显的贬义;与之相比较,城市收缩从客观上强调人口的流失,空间利用率低是人口流失的结果,这一概念界定不具有感情色彩。此外,鬼城的概念强调的是房屋空置这样的静态现象,城市收缩则是强调人口流失这一动态过程。合理区分二者之间的区别,能够有效规避把城市收缩理解为鬼城的错误认识,对于把城市收缩仅单纯划归到贬义词系列的不正确做法具有扭转意义。

2.1.4　精明增长

"美国精明增长联盟"(Smart Growth America)界定了精明增长包含以下几层含义:充分利用城市的已有空间,避免盲目开发;多途径建设废弃工业用地,深化对城市存量土地空间的开发利用程度,减少冗余的基础设施数量,降低不必要的公共服务成本;鼓励居民出行选择步行或者公共交通工具等相对降低城市拥挤程度的交通方式;城市的空间布局相对集中,同时尽可能地使用混合功能理念设计建筑设施;通过采取包括但不限于以上种种措施,促进经济社会与环境实现协调发展。精明增长反映的是一种紧凑型的城市空间扩展理念与策略(诸大建等,2006)。仇保兴(2003)认为我国在研究城市发展的过程中,必须意识到城市是实体经济的城市、公共服务的城市、多部门管理的城市、生态环境的城市,坚持以问题为导向的研究方法,实现经济、社会、管理、环境四个方面公平均衡的发展,同时诸多地区都可以借鉴精明增长原则,例如,紧凑发展、公共交通、土地混合使用及城市适度开发等概念。梁鹤年(2006)认为精明增长在实际规划中表现为政府在公共基础设施建设及规划开发时,坚持以最低的成本创造最高的土地收益,其实现路径在于提高基础设施的使用密度。刘志玲等(2006)认为针对我国具体国情而言,精明增长需要从强化城市土地集约利用、建立城市边缘带土地利用总体规划、有机结合土地利用规划与交通系统规划、实行公众参与机制等四个方面实现。综合现有的研究成果,本研究认为,精明增长强调城市发展的公共利益取向,在规划过程中通过实现经济、社会、环境公平，使新旧城区获得较为均衡的发展。当然，这里的精明增长和一般意义上的城市增长存在着明显区别，前者强调的多是一种理念和策略，而非单纯地为了城市规模扩大而采取的城市边界的扩张。

2.1.5　精明收缩

东欧的社会主义城市普遍存在人口流失的现象，针对这些城市经济和物质环境等方面存在的问题，德国提出了新的城市管理模式，"精明收缩"理论由此初见雏形。2002 年，美国的波珀夫妇提出了"精明收缩"的概念，认为精明收缩就是精简直观的规划，代表这样一种发展趋势：公共环境的舒适度提高，建筑功能趋向混合，集中利用土地空间。城市精明收缩是以精简主义为价值取向的发展范式，强调适应"城市收缩"，以重塑城市环境、提升居民生活质量为最终目标，政府高效率地分配财政支出，保证医疗、教育、公共服务、商业及文化旅游等各行业的发展都得到资金支持，尽可能实现城市功能的快速转变，并在此基础上使城市经济得以恢复。精明收缩的核心思想是将城市内部能够促进经济增长的部门放置在相对集中的小范围空间内，并保证该空间经济的良好运转。具体的策略主要有提高土地空间利用的集中度，重视城市发展建设的布局设计以及与周边城市的空间关联，避免盲目扩张导致城市规模不合理。精明收缩表现为根据现有人口规模及预测的未来人口规模来确定和调整城市建设使用土地总量，精简城市规模。其采取的措施主要有以下三种：一是进行绿色基础设施规划，将城市中的闲置用地改造为开放空间和绿地，以改善社区的物质和社会环境，城市中心的废弃土地通常改造为面向社会公众使用的小型室外空间或生态景观用地等，边缘地带的废弃土地往往改造为农耕用地或是休闲娱乐场所等；二是基于可持续发展的观念，建立"土地银行"收储废弃的工业用地，改造为城市绿地；三是赋予市民和社区权力，通过邻里协作和社区参与来实现由下至上的规划。精明增长与精明收缩是一个硬币的两面，其理念的提出是基于不同城市发展阶段所呈现出的各式各样的问题，政府根据相关理论合理规划城市发展，引导城市增长和收缩有的放矢，避免在市场引导下城市自发的扩张与衰落。精明增长与精明收缩都强调集中使用土地，形成紧凑的城市空间布局，同时重视生态环境在城市发展中的重要影响，实现城市经济、社会、环境的协同可持续发展。

2.2　城市收缩的过程机制、表现类型和基本目标

2.2.1　城市收缩的过程机制

城市收缩往往与人口持续流失现象相伴而生，从而造成城市经济、社会发展等诸多方面的现实困境，基于以国内外城市收缩的事实角度进行分析，可以从以下八个维度对于现存的城市收缩的过程机制和动因进行深化分析和精准考量。

（1）全球化导致的"被遗弃的城市"。全球化改变了世界经济地理格局，深刻影响着经济政治活动的空间范围和各国的城市化进程。一方面，全球化带来了资本、劳动力等生产要素的自由流动，由此造就了诸如纽约、东京这样的具有全球影响力和竞争力的国际大都市区；另一方面，全球化的激烈竞争也导致了传统工业城市以及老工业基地的衰落与转型。在这种背景下，许多过度依赖传统发展路径、产业结构升级滞后的城市迅速地被挤出世界市场，从而无法吸引资本、劳动力等必要的生产要素，进而不可避免地陷入经济衰退、就业困难、人口流失的困境，导致城市不断收缩，如资源型城市或地区就是最典型的体现。

（2）人口老龄化与少子化引发的"空城"。低生育率与人口寿命的延长会导致人口结构向"倒三角形"不可逆的转变，一方面，人口自然增长率降低背后所产生的人口总量持续缩减；另一方面，出于对未来预期的变化，人们往往会改变消费结构与储蓄安排，从而影响到城市消费水平和商业活力，进而波及城市经济的可持续发展程度，大幅度降低了就业机会，导致人口外流。与此同时，老龄人口的持续增加与劳动年龄人口的逐渐减少，将会降低城市的消费水平、增加政府财政负担，过重的抚养负担会挤压政府用于城市经济以及基础设施维护的投资，进一步造成劳动年龄人口外流，引发城市收缩。这一现象在日韩首都圈的新城中表现非常明显。

（3）工业化导致的"区域空心化"。出于自然禀赋的优势，在工业化进程中形成了许多中心城市，这些城市不但拥有便利的交通体系、优越的资源条件，还拥有完善的基础设施、优质的教育资源、雄厚的财力支持、活跃的科技创新等等，成为国家经济发展的"增长极"，形成强大的向心力，吸引着城市外围地区以及欠发达地区的人口大量流入，"榨取"其他

城市发展所必需的投资和资源，进而导致资源流出城市的财政基础逐渐减弱。大量人口聚集在少数大城市必然会造成其余区域的城市收缩，这也是一些中小城镇功能丧失并逐渐衰退的主要原因。

（4）去工业化导致的"荒城"。随着科技的进步与互联网的普及，通过对于通信技术、自动化办公、电子技术等发达技术的普遍应用，降低了人们对于传统办公空间的依赖程度，仅仅依靠电子网络和无线设备等便能轻松准确达到目的，使得人们对零售业等具有实体服务行业的需求大打折扣，在这种趋势下传统制造业必然会向新型产业以及服务业转型，由此引发就业结构的变化，大量制造业工人会流向其他地区，从而导致城市人口的流失，出现城市收缩的现象。

（5）政治变革导致的城市收缩。20 世纪 90 年代东欧社会主义国家政治动荡，激进的"休克疗法"导致了大量国有企业无法在私有制浪潮中生存，出现大批量工人被迫下岗失业，出现人口高频率迁出，导致了城市收缩现象的呈现。表现最为显著的就是民主德国与联邦德国合并后，大量原民主德国地区的人口迁往原联邦德国地区，原民主德国地区人口出生率大幅降低，几乎所有原民主德国地区的城市都面临着人口与就业岗位衰退的问题。

（6）人类社会思潮改变造成的城市收缩。随着经济社会发展，人们婚姻观、生育观均发生了较大改变，对于西方国家而言，由 20 世纪前半叶以高结婚率、低离婚率、较低的首次结婚年龄为特点的第一次人口变迁向 20 世纪后半叶以低结婚率、高离婚率、低生育率、混合家庭数量增长、首次结婚年龄不断增长为特点的第二次人口变迁的转变，导致大量城市人口年龄结构的老化（Lesthaeghe et al，1986）。长期低于维持人口数量的自然生育率导致的"低生育陷阱"以及年轻一辈的不断流出，进一步加速了城市收缩的过程。因此，人类社会思潮改变也成为城市收缩的重要动因。

（7）发展不均衡引起的城市收缩。发展非均衡导致的城市收缩现象主要体现在宏观、中观、微观三个层面。从宏观层面来看，主要表现为资源、生产要素大量流向发达国家，发达国家与发展中国家社会经济发展差距愈加拉大，大量发展中国家居民流入发达国家以寻求更好的就业机会，造成发展中国家出现"移民镇""移民县"等城市空心化现象；从中观层面看，主要体现在一国范围内区域间经济发展不均衡导致的人口流入相对发达地区，而欠发达地区出现人口持续净流出的现象，我国东北地区与内陆地区的人口流失造成的城市收缩可以归于此类；从微观层面来看，主要体现为城市内部相对发达地区对其他区域人口的"虹吸效应",人口大量集中于城市中心,造成中心区域人口密度偏大而其他区域"空心化"的现象发生。

(8)气候变化与环境问题造成的城市收缩。气候变化后致使局部地区小气候改变现象接踵而至,衍生出荒漠化、盐碱化、大面积干旱等不利于人类居住的异常现象,影响农业生产,造成城市收缩。经济发展过程中造成的空气污染、水污染等环境问题,影响了当地居民的健康,城市对追求生活品质的居民失去吸引力,导致城市人口持续流失。对于东北地区中的部分城市来说,由于自然气候的恶劣,导致部分人口流出该城市,进而引发城市收缩现象的出现,就是这种收缩机制的重要体现。

2.2.2　城市收缩的表现类型

综合考察国外城市收缩的实际能够看出,对于不同的收缩城市而言,表现为不同的收缩类型,重点表现为以下几个方面:

(1)全域型收缩。对于全域型收缩模式主要表现为以下三种主要类型:一是区域边缘化收缩。该现象在德国东部地区的城市中表现得最为突出,在德国统一发生之后,原民主德国城市由于远离欧洲决策中心的地理位置障碍,错失欧盟企业重点投资竞争机会,致使城市吸引力接连丧失。与此同时,欧盟内部迅速实现的经济一体化现象,促使城市人口自由流动壁垒得以瓦解,以寻求高薪职位为迁移目标的人口不断西迁集聚,致使原民主德国城市持续在政治、经济等多方面的被边缘化现象出现。二是中小城市收缩。在以中小城市(<5万人)居多的法国最具有代表性。在法国中部阿登高地——中央高原——比利牛斯山一带的中小城市衰退现象最为显著,由于并不完善的基础设施、相对欠缺的城市网络等障碍因素充斥该城市地带,为中小城市参与国际分工增加了难度,阻碍了信息交流路径,在经济全球化进程中不断附加被边缘化的劣势,造成收缩现象难以避免地出现。三是大城市收缩。英国大城市(15万~45万人)或都市区(100万~250万人)最具有代表性意义(伦敦除外)。由于受到工业革命等历史因素的影响,大城市发展长期根植于对工业基地(采矿业)的依赖,因而大城市的收缩与"去工业化"相伴而生。除此之外,持续精进的劳动力市场标准化现象也持续加快了城市人口萎缩速率。这三种收缩类型综合了全域型收缩的特征,其空间分布图具体如图2-1所示。

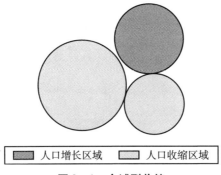

■ 人口增长区域　□ 人口收缩区域

图 2 - 1　全域型收缩

（2）圈层型收缩。该种类型在英国格拉斯哥最具有代表性。第二次世界大战之后，欧美国家中的一些发达城市同时呈现出内城"空洞化"、而郊区持续繁荣的空间格局；与此同时，拥有周边扩散的"圈层效应"特性的"空洞化"，是对于郊区化影响城市收缩状态的精准反映。随着城市内部企业与人口大量持续地向郊区迁移，不断缩减内城税收水平，致使政府由于缺乏必要支撑资金而陷入无力改造生活与环境设施的困境，内城居住环境满意度持续下降，促使中高社会阶层率先将居住与就业空间选择在城市郊区。这种圈层型城市收缩类型与城市的中心型收缩也有着相似特点，对于东北地区而言，部分城市就表现为此种收缩类型。圈层型收缩城市的空间分布如图 2 - 2 所示。

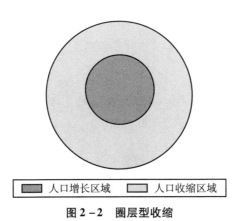

■ 人口增长区域　□ 人口收缩区域

图 2 - 2　圈层型收缩

（3）反圈层型收缩。该种收缩类型在法国巴黎最具有代表性。在"郊区 - 环"中城市收缩首次凸显，该区以工业设施和工薪阶层采用的大户型住宅为主要景观特色，在城市历经去工业化后，原有居民持续向外迁移已成常态，郊区－环城市收缩接连发生，促使城市形成核心持续繁荣、外围逐渐衰退的反圈层结构，这是"后郊区化"根植于发达国家的产物。城市的边缘型收缩与此种类型的收缩模式具有相似特点，具体如图2－3所示。

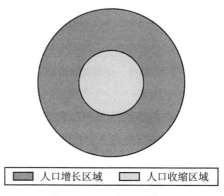

■ 人口增长区域　　□ 人口收缩区域

图2－3　反圈层型收缩

（4）星状型收缩。此种收缩类型在美国底特律城最具有代表性。在实际的城市发展中拥有着内城"经济萧条"、就业机会欠缺、中产阶级逐步流失、黑人和弱势群体被迫留守等诸多现实问题。集聚于内城黑人、弱势群体的类贫民窟社区往往呈现几个散点式的分布状态，加之大面积的空置地块或闲置房产围绕在其周围，促使城市拥有低密度、零星式等类似于郊区的空间特征，构成了典型的星状型收缩，如图2－4所示。

■ 人口增长区域　　□ 人口收缩区域

图2－4　星状型收缩

（5）穿孔型收缩。此种收缩类型在原民主德国的城市最具有代表性。

衍生于计划经济时期的"单位大院"分散布局在内城中,伴随着工业衰退而发生解体,原有居民外迁、社会环境恶化接踵而至;与之相对的是凭借吸收处于政治、经济体制转型期的历史优势而依赖国家重点扶持的企业则迅速发展壮大,造成增长与衰退地块同时交错分布于内城之中,城市内部"漏勺"式空间形态持续显现。下文中的对称式城市收缩模式与之最为相似,均表现为收缩区域与非收缩区域的交错布局,具体如图 2 - 5 所示。

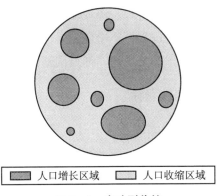

■ 人口增长区域 ▨ 人口收缩区域

图 2 - 5 穿孔型收缩

在结合城市收缩一般表现类型的基础之上,对于我国而言,在城市收缩的过程中也展现出具有自身特色的收缩模式,根据城市发展的实际,将其归纳概括为以下三种主要类型:

(1)趋势型收缩。趋势型收缩是指在世界经济格局中处于弱势地区的人口出现净流出的现象,这种收缩体现的是资源的重新配置,弱势地区与强势地区的差距存在不可逆性且日渐扩大。美国"锈带"城市与中国东北地区部分城市收缩类型均属于趋势型收缩,伴随着城市产业的发展滞后,城市经济一蹶不振,人口大量外流。处于趋势型收缩的城市几乎都是经济衰退的城市。

(2)透支型收缩。透支型收缩是指城市发展超越自然规律,通过大型人为规划强行增加城市区域面积,政府提前投入大量基础设施建设支出进行新区开发;当面临经济发展放缓以及结构调整时,城市缺乏自我运转的能量,导致人口与要素集聚不足,城市发展乏力的情况。透支型收缩出现的主要原因是政府盲目扩张城市建设,是具有中国特色的城市收缩类型,诸如鄂尔多斯的康巴什新区、河北曹妃甸新区均属于典型的透支型收缩。

(3)调整型收缩。调整型收缩是指城市规划部门根据城市自身的发展实际，通过考虑当前状况与预测未来发展中可能出现的问题，积极调整城市发展路径，控制城市过度蔓延或者集聚的收缩模式。与趋势型收缩、透支型收缩不同的是，调整型收缩属于主动性的收缩，目的在于提升城市发展质量，强调"精明增长"。在中央政府强力推动下的北京"疏解非首都功能"则具有显著的典型意义，不断加深着城市空间规模和人口规模扩张的把控力度；而在《上海市城市总体规划（2016—2040）》中也将建设用地总规模"负增长"的要求明确提出，压缩低效工业用地空间所占比重，积极推进存量用地的二次开发进程；深圳城市总体规划修编也随之表明推进城市内涵式、集约式发展进程，不遗余力促使城市成功更新。以上这些城市规划都积极主动提出了减量规划，都是调整型收缩的典型体现。

2.2.3 城市收缩的基本目标

城市精明收缩是城市收缩的基本目标。坚持城市精明收缩的现实目标，且规避中国的城市收缩出现与西方发达国家类同的结果，就需要在全方位考虑中国城市发展实际的基础之上，充分了解精明收缩的相关内容，进而为实现城市的可持续发展奠定基础。

2.2.3.1 城市精明收缩的形成机制

城市收缩的空间范围以及收缩的程度并不完全取决于自身发展水平，也与区域发展水平密不可分。精明收缩的研究者认为，城市收缩如果按照一定的阶段以及模式有序的发生，带来的并不是城市的萎缩，而是通过收缩使城市的发展更加精炼，从而推进城市发展能力的提高。对于城市精明收缩，首先要确定符合条件的目标城市，筛选出符合精明收缩条件的城市以更好地发挥精简的示范作用；其次，在确定了目标城市之后，确立针对该城市需要进行的精明收缩体系，对城市的长久发展、精明收缩所要达到的目标、作用、途径等内容做出系统性规划；最后，根据所确定的精明收缩体系与规划，进行实际操作，实现城市空间、人口分布的合理化布局，达到合理解决人口持续流失、城市缺乏发展活力等问题的目标。通过精明收缩，可以有效提高城市在整个区域发展中的带动作用，提高要素集聚能力。城市收缩的出现，也是城市发展的契机，国家需要以前瞻性的眼光对整个地区做出合理的布局，制定明确的城市发展规划，通过一定的发展阶段以及有序的收缩，使城市自身更加精炼；利用精明收缩的治理模式，对区域空间地位进行重塑，对产业、人口实现再布局，解决城市收缩问题的同时有效地解决诸如大城市病、边缘化等问题。

2.2.3.2　城市精明收缩的基本原则

城市精明收缩的核心在于精简规模，其内容是鼓励人们集中居住，选取适宜的发展规模建设城市，避免出现冗杂的基础设施。其过程在进行中也需要遵循特定的基本原则。一是多样化原则，无论是精明收缩的推进还是城市发展的调整，都离不开"人"的作用，实现信息渠道的多样性，全面了解社会公众的想法以及需求，对于充分发挥精明收缩的效用至关重要，只有这样，才能真正地扭转人口流失现象；同时也要保证城市发展的多样化，不仅仅是城市功能的多样化，产业、社会服务、社会角色等也应实现多样化，确保城市的发展韧性，以抵抗外部因素的干扰。二是适宜性原则，在精明收缩的过程中，要进行弹性城市规划，对城市精简的过程中所遇到的问题进行灵活处理，充分结合当地的发展情况做出应对安排，以实现城市发展活力的二次激发。三是整体性原则，在进行精明收缩的规划、调整工作之前，要对整个城市以及所在区域进行整体性的识别，避免二次收缩的发生，从而保证土地空间、产业资源等可以充分利用。遵循城市精明收缩的基本原则，可以避免城市精简过程中发生不必要的主观错误，以此实现城市发展活力的二次激发。

2.2.3.3　城市精明收缩的实现手段

在国外，空间存储主要是通过土地银行将废弃厂房、废弃工业区等所占有的土地进行收储整理，将待开发的"空地"等以绿色空间的形式保护起来，为城市的再开发提供充足的土地空间保障。一般来说，城市空间调整主要有两种模式。一种是城市孤岛模式，即将城市人口、产业、基础配套等进行集中，而把萧条的地区或未开发的地区作为绿色空间存储；另一种是将原有的废弃厂房、居民区等进行商业化、公共设施的再开发，改变原来高密度的空间分布，并对一些地区进行整理拍卖，实现价值的二次提升。在中国当前的快速城市化进程中，尽管是城市规模有所扩张，但城市土地空间利用效率并不高，需要向集约化方向转型。尤其在城市化高度依赖土地财政，现有土地闲置、利用率低下的情况下，更需要进行资源的集中以及再分配。通过编制城市土地利用规划以及构建土地资源可持续利用体系，控制城市规模背后的土地资源的消耗，转变土地利用模式，可以有效确保精明收缩的实现。由于中国的城市收缩背景以及体制的特殊性，在进行精明收缩前需要充分了解当地的具体情况，以提高城市土地空间利用效率，实现良性发展。中国的土地收储中心和西方发达国家土地银行的作用类似，因此，借鉴发达国家所采取的相应措施，可以更好地推进城市精明收缩的实现。

2.3　城市收缩与扩散型城市化

对于国外的城市收缩，从本质而言主要表现为由扩散型城市化所引发的城市中心人口向外流动的过程，在集聚型城市化达到一定程度之后，也就是人口向中心城市集聚到特定水平之后，人口开始向外疏散，导致城市收缩。然而，国内的城市化水平才达到中期阶段，尚不具备扩散型城市化的特征，却出现了城市收缩现象，体现出独具色彩的城市收缩。为更加清楚理解城市收缩与扩散型城市化的内在机理，就必须明确论述城市化运行的一般规律、城市化的集聚机制和城市化的扩散效应等内容，从而为更加理解中国特色的城市收缩奠定理论基础。

2.3.1　城市化运行的一般规律

城市化运行的一般规律通常表现为 S 形曲线，是对于城乡人口随着工业化进程不断发展而呈现出的有序变化和阶段性特征。

如果把城市化看作是一种自然历史进程，那么城市化进程与生物生长过程便有着异曲同工之妙。生物的生长过程由延迟期、加速期、对数期、减速期、恒定期和衰亡期六个阶段组成，而维生素、氨基酸、嘌呤等生长因子布局其中。纵观城市化发展过程，可以将其类似划分为初期、中前期、中后期和末期四个阶段，其中，中前期属于城市化的加速时期，我国大部分城市处于这个时期。这种类似于生物生长过程的城市化可以用 S 形的生长曲线来表现。

美国城市地理学家诺瑟姆在对于 S 形城市化发展轨迹理论研究中拥有着突出性的贡献价值。1975 年，他在《城市地理》一书中通过对以各个国家城市人口与总人口之比变化速率的研究发现，城市化进程拥有着显著的阶段性规律，即城市化进程呈现出一条稍微被拉平的 S 形曲线（见图 2 - 6）。历经人们后续的精进补充，城市化阶段性规律特征随之呈现：第一阶段，城市化的初级阶段。在这一阶段，城市人口所占总人口比重一般低于 20% 左右，城市人口处于缓慢增长状态。第二阶段，城市化的中期阶段。在这一阶段，城市化进程速率逐步提高，在城市化水平为 33% ~ 35% 之时，城市化进程处于加速度的持续递增状态，S 形曲线以指数曲线增长方式不断攀升，在城市化水平持续到50%左右时城市化落入拐点，当城市化处于拐点位置，由于逐渐增大的城市化边际成本，致使城市化增长速率开始递减，但城市化率仍然处于上升状态，该状态维持到城市人口比重超过70%后才产生趋缓趋势。由此，拥有将中期阶段细分为中前期和中后期良好功能的城市化拐点应运而生，也是对于不同的城市化加速度的精准表达。第三阶段，城市化的晚期阶段。在这一阶段，城市化进程呈现出一种延缓上升或趋于停滞甚至略有下降的趋势状态。这种表现为一条光滑的扁S形曲线的发展趋势，当然并不是任何国家都非常显著，但大部分国家的数据基本上支持了这一结论。

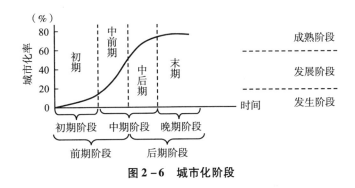

图 2 - 6　城市化阶段

1996 年谢文蕙教授运用 S 形曲线的数学模型，对世界部分国家在1800～1982 年的 180 多年来城市化发展水平的历史数据进行时间序列回归，得出全世界城市化的回归方程为：

$$Y = \frac{1}{1 + Ce^{-rt}} = \frac{1}{1 + 5.7307e^{-0.01729t}}$$

谢文蕙教授运用该回归方程计算出了英国、联邦德国、美国、南斯拉夫、日本、印度、苏联、法国等国家的城市化曲线估计式。并用判断城市化起步早晚的积分常数 C 的水平和判断城市化发展速度快慢的积分常数 t 的水平，说明了英国、法国、联邦德国、美国等国的工业化起步较早，已进入城市化高级阶段，苏联和日本工业化起步稍晚，但城市化发展速度远超前者，推进城市化进入中级阶段，而工业化起步相对略迟的印度等发展中国家，尚处于城市化进程的初期阶段。

与图 2 - 6 横轴表现的三个阶段相适应，纵轴相应地表现出城市化进程的发生、发展和成熟三个阶段。城市化犹如一个生物体，有它的成长过程，所以展现出这样有规律的 S 形曲线，是如同生物体的生长因子一样，也有自己的生长因子。一般来说，城市化生长因子有产品需求及其弹性、产业结构高级化、城市规模经济和集聚经济等，特别是工业化进程。目前理论上已有的多种解释，例如，由英国学者范登堡积极拓展的"城市发展阶段说"，美国学者刘易斯全面论述的"城市周期发展规律说"以及国内众多学者推出的"产业结构变动说""城市文明普及率加速定律""人口转变说"等众多理论层层涌现，都可以提炼出城市化生长因子，它们会影响到各国城市化的不同时段。然而，尽管在划分城市化阶段上目前还存在分歧，但对于城市化的阶段性规律却已被人们普遍认同，它不是人为的，而是一种自然的经济发展规律。

2.3.2　城市化的集聚机制

明确城市化的集聚机制对于精准理解城市收缩具有不可替代的重要意义，是发生城市收缩的首要内在成因。对于集聚经济（agglomeration economies）而言，作为城市经济学的一个核心概念，一般指因企业、居民的空间集中而带来的超额经济利益或成本节约。位于某一地理区域范围（城市）内，基于生产方式、技术水平、市场价格等保持不变的前提下，若单个企业的生产成本随着进入该区域的企业数目增多而产生下降趋势，或与居住人口增多呈现反方向变动状态，而赋予企业额外的收益时，或者当整个地区（城市）的国民产出与进入的企业数量以及居住人口同步发展，而城市产生按照人均或总产出平均的各项投入成本不断下降的状态之时，就是集聚经济发挥效应的作用。集聚经济是根源于空间向心力的由诸多因素同时发挥作用的一种外部性。当集聚程度处于适度状态，正的外部性随即出现，即发生了集聚经济；与之相反，当集聚尚且处于不适度之时，负的外部性便会发挥作用，即发生了集聚不经济。目前拥有诸多方法对于集聚经济进行研判与度量（吕玉印，2000），但聚焦于其经济理论内涵而言，便只有两种表现，其一表现为城市的边际收益大于零，而其二则表现为城市的规模收益持续增加。

城市边际收益意味于每当增加一个城市人口所增加的国民产出，如果城市增加一个人口所增加的国民产出高于当时的城市人均国民产出，就出现了集聚经济。借助于城市生产函数分析便可得到更为直观的理解。假设 Y 为城市的总产出，P 为城市的总人口，根据 $Y = f(P)$ 来看，若 $dY/dP > 0$，则表示这一阶段的城市人口规模处于集聚经济进程之中，与之同时这种集聚经济同样拥有着由小变大的自然特性。

　　城市规模收益意味着当城市人口密度适当增加之时，人均的城市成本下降的现象。这可以借助于城市等产量曲线来进行分析。假设以 E 作为进入城市企业的代表，而 P 则代表着城市的总人口数量，二者主要成为构成城市产生集聚的主导因素。在图 2 - 7 中企业与人口的城市规模收益的递增（A）、不变（B）以及递减（C）的情况分别得以呈现。由图 2 - 7 可知，当通过城市内企业和人口均匀分布增加，而使得等产量线 A 由 10 单位发展到 30 单位，也即产生规模收益不变；当通过城市内企业和人口均匀

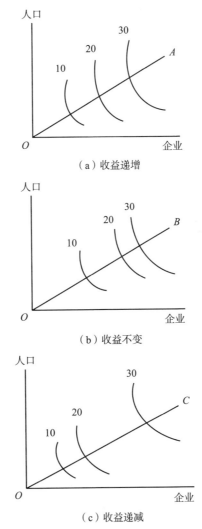

（a）收益递增

（b）收益不变

（c）收益递减

图 2 - 7　企业与人口的城市规模收益情况

分布增加较少，而使得等产量曲线 B 由 10 单位发展到 30 单位，也即产生规模收益递增；当通过城市内企业和人口以超过产出的速度高度增加，而使得等产量线 C 由 10 单位发展到 30 单位，也即产生规模收益递减。虽然集聚经济都存在于三个过程之中，但其收益程度却各不相同。而其收益程度的差异则是源自企业与行业间的规模经济差异、规模经济各异的部分投入替代以及不尽相同的生产区位条件差异。

德国学者韦伯最早聚焦于经济集聚作用的分析研究。他于 1909 年出版的《工业区位论》这一经典巨作中，对于集聚经济理论进行了综合性的分析与论述。指出集聚本身的实质是一种产生于工业企业空间集中分布之上的生产力，以为企业获得成本节约为作用方式而产生的集聚经济。但集聚经济的发生一定要有必要条件作为依托，只有按一定规模的将存在内外相互联结作用的工业集中布局到特定区域，才能促使最大成本节约效应的产生；而对于那种拥有无任何联系的、过渡性特征的偶然性集结可能不会有集聚利益，一些恶性集结还可能给地区经济发展造成恶果。由此可以看出，韦伯的集聚经济与规模经济息息相关，他着眼于工业企业布局在空间上的规模化。基于他的理论结构，可以将集聚整体划分为两个阶段：单纯由于企业扩大生产经营规模而产生的生产集聚诠释为低次阶段，也即"所有拥有自给自足完整组织性质的大规模经营"；而由于同类或者不同类企业的空间集中促使总体生产规模扩大状态诠释为高次阶段，以扩充大规模经营的利益为主要生产目标。而阿尔弗雷德·马歇尔（1920）则独辟蹊径将集聚效应表现形式进行整体划分：第一类集聚经济单纯表现为产业内部的厂商产生正的外部性；第二类集聚经济则放眼于对当地全局的产业总体产生正的外部性。这种区分的发展形成了两个重要的概念：地方化经济和城市化经济。

2.3.3 城市化的扩散效应

集聚与扩散是促使城市经济区域初步形成和逐步发展的内在根源，同时也是导致城市收缩状态形成的内在机制。通过促使中心城市能量聚集与扩散过程的积极演进，推动城市连续不断地向前发展。集聚的过程作为城市化过程的首要显现，待集聚持续积聚到一定程度，便会产生向外扩散现象，扩散过程促进新经济活动的新集聚力不断萌生，新的集聚同时又为新一轮的扩散营造了积极条件，通过这种"聚集—扩散—再聚集—再扩散"的链齿式循环发展进程的演进，城市化不再局限于城市范围而自发扩散发展到城市化地区。

从地理空间的表现形式来看，城市化前期的主要地理特征在于，人口不断涌入城市，使城市人口密度增加，表现为集聚型城市化；城市化后期的主要地理特征在于，人口密度较高地区的人口转移到人口密度较低的地区，从而导致城区面积的扩大形成城市化地区，表现为扩散型城市化。具体如图 2 - 8 所示。

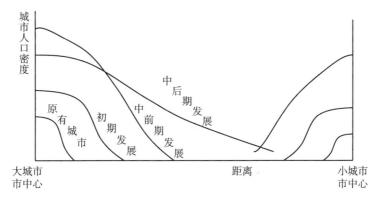

图 2 - 8　集中型城市化与扩散型城市化形成城市化区域

城市化初期发展阶段的主要特征在于：农村人口不断涌向城市，城市人口密度增大，城区面积不断向外蔓延；中前期发展阶段，初期的人口集聚导致市中心人口密度达到最大化，城区面积继续向外蔓延，此阶段城市化以集中型为主的同时开始出现扩散型迹象；中后期阶段，市中心人口不断涌向其他城区，市中心人口密度下降，但是城市人口总量仍继续增加，其中新发展的城区人口集聚速度超过原来的城区，城区面积蔓延比较迅速，是以扩散型为主的城市化阶段。这时，在两个城市接壤的地区很有可能出现城市化地区。

通过集聚与扩散两种机制的相互作用，一个紧密的经济系统在城市与区域间得以建立形成。城市作为主要相应区域的中心，而区域又相应成为组成城市中心的腹地，若封闭边境与人为关卡并未存留于城市与区域之间，那么通过城市与区域之间的相互促进作用，必然推动空间经济效果高效形成：第一，城市与区域间专业化效应导致城市与区域间的分工；第二，由于专业化效应产生的分工组织不再是孤立、分散的个体，而是城市之间合理有效的专业化分工格局单元，最终通过相互作用、优势互补形成了城市群社会经济系统；第三，城市群组合效应导致城市增长趋于有序化，即不同城市的发展速度存在差异，在一定外部条件下，由于城市群内城市增长速度的不同，由此产生了不同大小规模的中心城市；第四，以中心城市为核心首先形成城市群，城市群通过和周边城市的相互影响产生了范围更广的城市化经济区。

城市化经济区的范围是由其集聚力与扩散力的大小决定的，这就决定了不同城市的外部效应场即城市经济影响区往往是不同的。中心城市对周边地区的辐射影响力，一方面因经济场强度不同而不同，另一方面因距离远近而不同。

经济中心的聚集与扩散决定了城市与区域总是在不平衡中向前发展。约翰·费里德曼用"核心—边缘"关系来描述这种发展过程。开始阶段，假设一个地区只有一个经济增长点，随着经济的不断发展，该地区就会出现新的经济增长点，由于它比原先的经济增长点具有更大的比较优势，导致经济活动就会从原先的经济增长点转移一部分到新的经济增长点。此时，新的经济增长点的供应能力就会得到稳步提高，慢慢地可以满足本地发展的需要，逐渐与原先经济增长点形成竞争的关系，使原有的经济秩序被打破。与此同时，新的经济增长点变得富足了，对高科技含量和高价值的产品的需求增加了，而生产这些产品的经济活动在相当长时期内是不会发生转移的，因此只能从原先的经济增长点购买，从而扩大原先经济增长点的产品市场，形成了两个经济增长点的互动影响关系。另外，新的经济增长点的逐渐发展不仅对原先的经济增长点产生正向反馈作用，还会对后面新形成的经济增长点的发展产生带动作用，使其产生更多的经济增长点，多个经济增长点互相作用形成经济增长区。可见，经济增长中心出现扩散效应之日必是另一轮集聚效应开始之时。总的来看，城市与区域之间就是在这种"集聚—扩散—新的集聚"，或者说"平衡—不平衡—新的平衡"中不断向前发展的。

总而言之，基于任何一个国家和地区的城市化全局进程来看，通过以集聚与扩散机制的双重作用促使城市经济系统实现由小到大、由简单到复杂的自然演进，以及促进各城市从孤立分散发展向城市群或大城市到城市延绵区的积极过渡已成为城市发展的共性特征，这是城市与区域经济变动基本规律的外在表现形式，也成为构成城市收缩的内在成因。

2.4　中外城市收缩的比较分析

相对于国外的城市收缩，国内的城市收缩有着自身鲜明的特色，这在前文已述及。然而，中外城市收缩之间到底存在着怎样的区别，需要有一个全面的认识，为此，这里重点对城市收缩的动因机制、收缩特征及空间模式等三大层面来比较中外的差别，对于更加深入了解中国的城市收缩具有启发价值。

2.4.1　中外城市收缩的动因机制对比

根据前文中关于城市收缩的过程机制与动因的归纳总结可以看出，部分动因在国内外的城市收缩中并没有表现出明显的差异，诸如区域发展的不均衡、自然气候条件等；也有部分动因仅适用于国外的城市收缩，诸多政治变革。为此，这里重点对全球化、老龄化等动因机制进行比较分析。

（1）全球化。全球化进程改变了资源的空间流动方式，极大地影响了世界政治经济的地理格局，资本与生产要素的全球流动导致西方国家部分产业单一的城市出现经济社会衰退，如"锈带"城市、曼切斯特等；国际分工细化及发展中国家的劳动力价格、资源优势也是部分西方城市脱离市场走向衰落的原因。对于中国而言，首先，全球化的影响主要表现为沿海城市的快速崛起，从而引起内陆向沿海的人口迁移，人口向沿海发达城市、地区的集聚，导致内陆欠发达地区"空心村""空心城镇"的出现；其次，在发达城市内部也出现了由于经济社会发展不平衡导致的"城中村"、棚户区等；最后，随着经济发展进程和人口结构的变化，我国劳动力价格也处于不断提高的状态之中，劳动力成本大幅提高的直接后果是很多外资企业将其制造部门转移到东南亚地区，导致以珠三角为主的转出地区经济发展受到重创。

（2）老龄化。老龄化问题与城市收缩现象的出现存在显著地内在关系。日本、德国等老龄化程度较为严重的发达国家均出现了明显的城市收缩，老龄人口增加与劳动年龄人口外流共同作用下城市活力的衰减，是城市收缩出现的重要原因。龙瀛等（2015）采用叠加分析的方法，对比了中国老龄化型城市与收缩型城市的空间分布，研究结果发现：以资阳、自贡、盐城等为例的很多老龄化型城市伴随着城市收缩现象；但是东北地区的部分城市由于在一段时间内生育率偏低，该地区的劳动年龄人口流入也较少，因此，这些城市的老龄化程度不断加深，人口自然增长率也一直为负值。这和国外的城市收缩构成了明显的区别，老龄化尽管成为国内城市收缩的动因，但负的人口增长率也是重要的动因。

（3）去工业化。经济结构、产业结构的改进以及经济全球化导致国际竞争白热化，这导致了发达国家的"去工业化"现象，西方众多传统制造业城市因其制造业的衰落而出现了人口流失，表现最为明显的有利物浦、底特律、莱比锡等城市。去工业化是西方城市早期工业城市收缩的核心因素。中国尚处于工业化的中后期阶段，总体来说去工业化还无法构成其城市收缩的主要原因。现阶段去工业化导致的城市收缩主要集中于山西境内，资源挖掘行业的迅速发展引起了制造业衰退，是一种消极被动地去工业现象（王秋石等，2011）。还有部分城市，在没有认清经济和产业发展阶段和现实的情况下，盲目追求"去工业化"，导致其现有的制造业发展也严重受挫，经济发展进程受阻。

（4）郊区化。国外发达国家的城市化率大都达到70%以上，在美国、英国部分地区出现了人口、资本向郊区迁移，中心城区人口流失、建筑闲置荒废的现象，表现显著的有芝加哥、费城、底特律等城市，它们共同的特点是城市中心的衰落嵌套在整个城市区域的增长之中。中国的郊区化更多强调的是城市中心集聚发展与郊区共同繁荣，城市在离心扩散的同时，仍然保持城市中心区的集聚效应，同时推进城镇化和郊区化，促进城市中心区和郊区的共同发展，是一种广义上的郊区化，尚未出现西方国家城市中心"空心化"导致的收缩。但是中国这种广义的郊区化存在一定弊端，反而成为城市盲目扩张和不合理蔓延的借口，最终导致大量空心镇的出现，也是我国区域性城镇收缩的主要体现。

2.4.2 中外城市收缩的特征对比

（1）收缩程度。根据北京城市实验室 BCL 公布的数据，刘春阳等（2017）对中国收缩型城市的收缩程度进行了测算，结果显示中国的收缩型城市以处于低度收缩的城市为主，而国外的收缩型城市普遍处于中度收缩，中国的收缩型城市收缩程度要低于国外。另外，在城市收缩现象的发生时间上来看，国外的大多数收缩型城市的收缩现象已经持续了数十年，而中国出现收缩型城市现象较晚，持续时间较短，大部分城市的持续时间在 10 年以内。这构成中外城市收缩特征的首要差异。

（2）收缩进程。根据国内外对收缩型城市收缩程度的研究，将城市收缩进程分为收缩初期、高速收缩期、收缩后期和再扩张期四个阶段，并明确两个拐点：第一个拐点是由扩张转入收缩的节点，此时的人口增长率为0，城市进入收缩阶段。收缩阶段可以分为收缩初期、高速收缩期和收缩后期。在收缩初期，城市开始出现收缩现象，收缩程度处于偏低程度；高速收缩期，城市的收缩现象发展速度变快，收缩程度达到中度收缩甚至高度收缩；收缩后期，城市的收缩现象发展速度减缓，收缩程度重回偏低程度。第二个拐点，当城市的人口增长率重新提高至 0，收缩现象结束，城市处于由收缩转向扩张的拐点；再扩张期，城市发展再次呈现扩张状态。国内外收缩型城市的收缩进程是有明显不同的，国外尤其是欧美的多数收缩型城市已经处于收缩后期阶段，甚至有一小部分曾经收缩的城市如伦敦、利物浦等，在多种因素的共同推动下重新发展，重新获得了对人口的吸引力，已经进入了再扩张期；而中国的大部分收缩城市均处于收缩初期，只有少数城市如山西吕梁、定西、甘肃庆阳进入高速收缩期。

（3）真实或虚假的房屋空置。对国外城市收缩现象进行研究发现，由于人口的持续流出，房屋空置现象明显，也是城市收缩的真实反映，例如，底特律的制造业衰败，城市人口大量流出，出现了数量庞大的空置房屋和土地。而中国的房屋空置却需要区别来看，对一些村镇来说，由于周边城市强大的人口吸引力，自身人口逐渐流失，出现了空心村镇的现象，此时的房屋空置可以真实反映村镇的收缩现象。但是对于大部分大中型城市来说，普遍存在着住房的供需结构不平衡问题，导致了房屋供给量过大，空置率较高，这是一种表面上的房屋空置，并不能表示这些城市发生了真实的城市收缩现象。

（4）基础设施利用率。国外的收缩型城市，由于人口持续流出，这些城市的基础设施利用率不断下降，基础设施被闲置，而这种闲置引起的衰退现象会导致更多的人口流出，逐渐形成恶性循环。而在中国，基础设施利用率大幅下降的现象还未出现，只是由于基础设施建设的不平衡和分布的不均匀，很多农村地区基础设施建设水平较低，管理和规划不足，导致农村人口越来越多地转移和流出，在其他因素的共同作用下，导致村镇收缩现象的加剧。

2.4.3　中外城市收缩的空间模式对比

研究显示，国外的收缩现象大多数发生在城市尤其是城市的中心区域，主要是由去工业化和郊区化导致的区域中心地区发生收缩现象。例如，底特律、伦敦等，均发生了中心城区人口大量流入城市周边区域，导致中心区域呈现空心状态的空间模式。而中国的收缩现象则大部分发生在村镇层面，随着城市化进程的推进，中心城市对人口的吸引力也不断增强，边缘地区和周围城市的人口选择流入中心城市和城市的中心区域，加快了中心城市和中心区域的扩张，也导致了周围城市和边缘区域的收缩。尤其是在集聚效应明显的城市群中，这种中心城市的虹吸效应是导致边缘城市收缩的重要因素，中心城市的经济发展水平和生活水平均比较高，就业机会和前景较好，导致对人口缺乏吸引力的周边地区城市人口大量流入中心城市，形成了一种边缘收缩的空间模式。例如，珠三角核心区以局部城镇收缩为主，收缩相对集中的城镇分布在外圈层（李郇等，2015）。位于城市群区域的外围和边缘地带的欠发达地区是人口外流的主要区域，县域、乡村和小城镇收缩具有普遍现象（吴康等，2015）。

国外尤其是欧美的城市收缩现象，大多是由于人口的持续流失导致城市失去继续扩张的动力，形成一种"人口流失－空间收缩"模式。而中国的快速城镇化背景下，城市拥有较为固定的发展机制，因此一些城市即使已经出现了人口持续流失的收缩现象，在固定发展机制的推动下，城市空间仍然会处于扩张状态。杨东峰等（2015）在对中国的收缩型城市进行研究时发现了中国特有的"人口流失－空间扩张"现象，甚至有部分收缩城市出现人口流失非常严重但城市空间依然在扩张的现象，这与一般的城市收缩模式是相悖的。

2.5　本 章 小 结

第二次世界大战结束以来，快速城市化成为全球各国普遍追求的经济增长路径，但在经历了半个世纪的快速增长后，全球经济出现整体放缓和局部经济危机，城市收缩成为越来越常见的经济社会现象。过去三十多年的时间，随着中国经济的快速发展，城市化水平也得到快速提升，在经济新常态下，中国的城市收缩现象也日渐凸显。本章在已有研究基础之上，通过对城市收缩、"鬼城"、精明增长、精明收缩等相关概念的全面界定，全方位明确了城市收缩的本质内涵。同时，通过对城市收缩的过程机制、动因和表现类型的分类归纳总结，对比分析了中外城市收缩的特征及空间模式等，以期建立一个较为完整清晰的理论框架，用以探索城市收缩在中国特殊国情背景下的表现形式及形成机制，为下文的顺利开展提供了必要的理论支持。

第 3 章　东北地区城市收缩的
空间结构与特征分析

2003 年东北振兴战略实施以来，东北地区的城市发展取得了显著成效，但这背后也隐藏着大量的现实问题，城市病逐渐涌现。2016 年新一轮东北振兴再次对东北地区提出了现实目标和发展愿景，对东北地区未来的发展指明了大的主体方向。然而，伴随着东北地区人口流失的严峻性，新东北现象逐渐成为理论界和各政府部门关注的热点，城市收缩问题伴随着产生。东北地区城市收缩到底有着怎样的空间结构，又呈现出怎样的内在特征，需要有一个科学合理的认识，这恰恰也是东北地区应当关注的关键性问题，对于深度缓解人口流失的新东北现象具有实证参照价值。

3.1　研究区域与数据来源

3.1.1　研究区域

本研究的研究范围是广义上的东北地区，即黑龙江、吉林、辽宁三省全部范围以及内蒙古自治区的赤峰市、通辽市、呼伦贝尔市、兴安盟、锡林郭勒盟，其空间范围内共有 41 座地级及以上城市、104 个市辖区以及243 个市辖县。

东北地区属于我国工业化发展较早的区域，以长春、沈阳为代表的核心城市拥有着丰富的钢铁等原料资源，作为中国重型装备的老工业基地，以独有的优势引领着该地区的前进与发展，支撑着工业化的进程。长期以来，东北都是中国工业化水平较高的地区。根据中国社科院《中国工业化进程报告》显示，1995 年东北地区的工业化进程就在全国七大区域（东三省、环渤海、长三角、珠三角、中部六省、大西北、大西南）中排名第二位。但从动态变化来看，"九五"（1996～2000年）和"十五"（2001～2005年）期间，东北地区的工业化相对优势不断丧失，甚至变为相对劣势，发展到2005年，东北地区工业化程度已经低于全国平均水平了。从经济总量来看也是表现如此，改革开放之后，东北三省尽管经济总量在不断增加，但在经济社会总发展水平中的作用地位有所下滑，以GDP所占份额进行统计，该地区已从1978年的13.34%下降到2014年的9.03%。尤其是2014年表现最为突出，东北三省的地区生产总值之和（57469.77亿元）仍小于山东省（59426.59亿元）和广东省（67792.24亿元）。2014年，东北三省经济突然"跌倒"。除了垫底的山西省（地区生产总值年增长率4.9%），东北三省全部跌入全国倒数五位，辽宁省表现更为凸显，被媒体一度形容为"经济塌陷区"。曾经的经济重镇似乎在经济转型过程中迷失了方向。伴随着东北振兴战略的持续推进和地方政策的成效初现，东北地区经济发展水平逐步摆脱疲软状态，开始迈向正向增长轨道。2017年前三季度，东北三省的经济总量相对于2016年同比增长4.2%。其中，一季度、上半年、前三季度分别增长为4.1%、4.1%、4.2%，相对于东中西三大板块来说，虽然增速仍显滞后，但与这三大板块间的差距逐渐缩小，彰显出强劲的发展势头。另外，与宏观经济总量相一致，东北地区内部增长也呈现出新特点和新格局，辽宁省开始远离负增长的动向，转负为正；吉林省经济增速有所回落；黑龙江省也呈现出小幅增快的迹象。而且该地区的经济发展水平彰显出收敛的格局。2018年第一季度东北三省的经济增速均低于6.8%的全国平均水平，黑龙江、辽宁和吉林的经济增速分别是5.6%、5.1%和2.2%。明确东北地区的经济发展现状对于全方位理解该区域的城市收缩具有铺垫价值。

3.1.2　数据来源

本研究所采用的数据均来源于2001～2011年《中国城市统计年鉴》、各省区市的统计年鉴、2000年及2010年人口普查数据公报、中国城市数据库以及中国城乡建设数据库。为了统计口径的一致性及数据的准确性，没有明确划分市辖区的城市，如兴安盟、延边朝鲜族自治州，本研究将其行政单位驻地统计为市辖区；将城市所辖的县级市（旗）统计为市辖县。其中涉及行政区划调整的哈尔滨市、佳木斯市，均以调整后的行政区划来进行相应调整和考虑。

3.2　东北地区城市收缩的空间结构

对于东北地区城市收缩的空间结构主要从地级及以上城市的宏观尺度、市辖区、县收缩的微观尺度两大层面进行阐述。

3.2.1　地级及以上城市收缩的空间格局

城市收缩作为城市化发展的另一面，越来越受到社会各界的广泛关注。众多的学者也对此话题展开了全方位的分析，而什么是城市收缩，目前还没有形成统一的定义，特别是在中国城市空间不断扩张的现实背景下，如何全面合理界定城市收缩却成为研究东北地区城市收缩空间格局的基础要件。考虑到东北地区的发展实际以及"新东北现象"的出现，本研究在全面参照刘玉博、张学良等（2017）成果的基础之上，将城市收缩定义为：在城市化过程中，地级及以上城市全市范围内常住人口的持续下降；结合"五普""六普"的相关数据，将东北地区收缩城市界定为：两次人口普查期间，东北地区总人口增长率为负的城市，其能够恰好印证东北地区人口外流的异常现象。本研究在不影响数据准确性的条件下对"五普""六普"数据结合行政区划调整进行了处理，系统性计算出东北地区各城市的人口增长率，进而对该地区的收缩城市进行科学识别。具体结果如表 3－1 所示。

表 3－1　　　　　　　　东北地区地级及以上城市分类及数量

项目	城市类型		合计
	收缩城市	非收缩城市	
城市数量（座）	13	28	41
数量占比（%）	31.71	68.29	100

资料来源：笔者整理所得。

东北地区包括了黑吉辽三省及内蒙古自治区的部分区域，其空间范围内共有 41 座地级以上城市。根据总人口增长率的情况，本研究共识别出 13 座收缩城市，约占东北地区城市数量的 31.71%，反映了在 2000～2010 年，东北地区城市人口流失形势严峻，已经出现了较大规模的城市收缩现象。这与高舒琦等（2017）参考国外城市收缩，利用市区城镇人口收缩得出的结论有显著差异，说明相对于国外而言，东北地区城市收缩现象具有自身独特的形成机制。总体来看，人口增长速度呈现出由哈大经济带一线向两侧递减的趋势。人口增长率为负的地区，即出现收缩现象的市域主要集中于东北地区的边缘地带，例如，内蒙古东北部与黑龙江相邻的齐齐哈尔、呼伦贝尔；处于东北腹地以及哈大经济带沿线地区的市域，人口增长率仍然为正，尚未出现收缩的现象。从人口增长速度来看，哈大经济带沿线的大连、沈阳、长春、哈尔滨人口增长速度最快，2000~2010 年间增幅达 9% 以上，总人口数量有较大上升，表明东北地区人口存在向经济发达城市集聚的倾向；其中大连市人口增长速度最快，为 13.52%；人口减少速度最快的城市是伊春，为 8.12%。

3.2.2　市辖区、县收缩的空间格局

为更加具体的明确出东北地区城市收缩空间格局，本研究利用"五普""六普"的数据计算出东北地区地级及以上城市所辖的区、县人口增长率，以识别出东北地区城市内部人口增减情况，来观测其市辖区、市辖县收缩的空间分布规律。为了统计口径的一致性及数据的准确性，本研究对于没有明确划分市辖区的城市，例如，兴安盟、延边朝鲜族自治州，将其行政单位驻地统计为市辖区；将城市所辖的县级市（旗），统计为市辖县。具体如表 3-2 所示。

表 3-2　　　　　　　东北地区城市市辖区、县分类及数量

收缩类型	市辖区			市辖县		
	收缩	非收缩	合计	收缩	非收缩	合计
城市数量（座）	65	39	104	124	119	243
数量占比（%）	62.50	37.50	100	51.03	48.97	100

资料来源：笔者整理所得。

东北地区共有 104 个市辖区，出现收缩情况的有 65 个，占总数量的 62.50%，大部分市辖区均出现了收缩现象，表明东北地区人口向城市集聚的同时，城市辖区人口也存在外流的动向。从市辖县的收缩状况来看，出现收缩现象的市辖县共有 124 个，约占总数量的 51.03%，意味着过半数市辖县也出现了收缩现象。出现收缩的市辖区、县呈连绵化分布于东北

地区的边缘地区；在东北地区腹地，收缩的市辖区、县呈块状、斑点状分布，围绕着哈大经济带的主要城市，即大连、沈阳、长春、哈尔滨的市辖区周边分布有收缩的市辖县，表明城市中心区域对于周边人口有吸引作用，存在虹吸效应。从人口增长率来看，2000～2010 年间东北地区约有62.50% 的市辖区和51.10% 的市辖县人口增长率为负；人口增长速度最快的是呼伦贝尔下辖县级市牙克石，2000～2010 年间人口增长率达896.42%；人口减少速度最快的是陈巴尔虎旗，为87.66%。

3.3　东北地区城市收缩的空间特征

通过对东北地区 2000～2010 年的城市人口增长率以及市辖区、市辖县人口增长率的测算，本研究将东北地区出现收缩的城市分为全域型收缩、中心型收缩、边缘型收缩三种主要类型。在此基础之上，从人口年龄结构特征、人口社会结构特征、人口性别结构特征及流动人口结构特征四大维度来分析不同收缩类型城市的基本空间特征。

3.3.1　全域型收缩城市

本研究将 2000～2010 年，即"五普""六普"期间市辖区人口增长率、市辖县人口增长率均为负的城市定义为全域型收缩城市。东北地区的全域型收缩城市有 4 座，分别为朝阳、辽源、鹤岗、伊春。

朝阳、辽源、鹤岗、伊春市域范围内人口增长率在 2000～2010 年间为负，且其市辖区与县的人口增长率也均为负。其中，朝阳和辽源的市辖区人口减少速度均快于其市辖县，呈现出城市中心区域人口快速流失的特点。朝阳、辽源、鹤岗、伊春均为东北地区重要的资源型城市，其中辽源属于典型的煤炭资源枯竭型城市，被列为首批国家资源枯竭型城市；伊春属于典型的林业资源枯竭型城市，林业资源枯竭对该城市发展产生了较大的负面效应。伴随着国内的产业升级以及"产城"矛盾的加剧，这 4 座城市人口急剧减少，表现出与美国"锈带"的收缩城市相类似的特点（高舒琦等，2017）。

3.3.1.1　人口年龄结构特征

为进一步分析全域型收缩城市的人口年龄结构，本研究利用"五普""六普"数据计算出朝阳、辽源、鹤岗、伊春的 0～14 岁、15～64 岁、65

岁及以上人口占总人口的比例，具体如表 3 - 3 所示。按照世界惯例，此处也将 65 岁及以上人口视为老龄人口，若一国或一地区 65 岁及以上老龄人口占比超过 7%，则将其视为进入老龄社会；15 ~ 64 岁人口视为劳动年龄人口。从表 3 - 3 可以看出，朝阳、辽源、鹤岗、伊春的 0 ~ 14 岁少年儿童数量占总人口比在 2000 ~ 2010 年间不断下降，其中伊春的青少年人口数量降低幅度最大，下降了 47.15%，到 2010 年仅为 9.49%。全域型收缩城市的劳动年龄人口占总人口之比在 2000 ~ 2010 年间出现了小幅度上升，其中辽源增长率最高，为 5.72%，2010 年仍为 79.56%。2000 ~ 2010 年，全域型收缩城市老龄人口占总人口之比均出现了极大幅度的增长，其中鹤岗的增长率达到 70.41%；到 2010 年，所有全域型收缩城市老龄人口占比均超过 7%，意味着这些城市均进入了老龄化阶段，其中伊春老龄人口占总人口之比最高，达到 11.60%。通过对 3 个年龄段人口占总人口比例以及增长幅度的对比分析可以发现，总体而言，全域型收缩城市少年人口不断减少而老年人口急剧增加，但其劳动年龄人口增长幅度相对较低，全域型收缩城市的人口结构在 2000 ~ 2010 年间有往"倒三角形"发展的趋势，意味着其人口红利的日渐消失以及社会抚养负担的不断加大。

表 3 - 3　　　　　东北地区全域型收缩城市人口的年龄结构特征　　　　单位：%

县市	各种年龄组人口占总人口比重								
	0 ~ 14 岁			15 ~ 64 岁			65 岁及以上		
	2000 年	2010 年	增长率	2000 年	2010 年	增长率	2000 年	2010 年	增长率
朝阳市	21.54	15.61	- 27.52	71.47	74.51	4.25	6.99	9.88	41.32
辽源市	18.56	11.85	- 36.15	75.25	79.56	5.72	6.19	8.59	38.83
鹤岗市	18.46	10.82	- 41.37	75.55	78.97	4.52	5.99	10.21	70.41
伊春市	17.96	9.49	- 47.15	75.22	78.91	4.90	6.82	11.60	70.05

资料来源：笔者整理所得。

3.3.1.2　人口社会结构特征

本研究从三次产业人口以及高学历人口变动情况来分析全域型收缩城市的人口社会结构特征。从表 3 - 4 可以看出，2000 ~ 2010 年辽源和伊春的第二产业人口占比减少明显，体现出了由于产业结构单一性和资源枯竭引致的资源型城市收缩的典型特征；就朝阳和鹤岗来看，其第一产业人口占行业人口比在 2000 ~ 2010 年间不断下降，第二、第三产业人口占行业人口比有所上升，符合经济发展过程中的产业升级规律；朝阳第三产业人口占行业总人口在2000~2010年间的涨幅达到40.74%，在全域型收缩城市中增长幅度最大。全域型收缩城市的高学历人口占比在2000~2010年间有很大幅度的增长，其中伊春高学历人口占比在10年间的增长率达到240.69%，展示出即使典型的资源枯竭导致收缩的城市，其人力资本也没有出现下滑，这与国际上的收缩城市形成显著差别。

表3-4　　　　　东北地区全域型收缩城市人口的社会结构特征　　　　单位：%

县市	三次产业人口占行业人口比重									大学本科及以上学历人口占比		
	第一产业			第二产业			第三产业					
	2000年	2010年	增长率	2000年	2010年	增长率	2000年	2010年	增长率	2000年	2010年	增长率
朝阳市	74.34	66.55	-10.48	10.76	12.48	15.99	14.90	20.97	40.74	0.64	1.78	176.42
辽源市	63.96	66.08	3.31	14.12	10.40	-26.35	21.92	23.52	7.30	0.71	1.94	173.46
鹤岗市	34.14	30.48	-10.72	29.76	31.22	4.91	36.10	38.30	6.09	0.80	2.28	184.86
伊春市	28.18	31.59	12.10	32.35	25.24	-21.98	39.46	43.17	9.40	0.56	1.90	240.69

资料来源：笔者整理所得。

3.3.1.3　人口性别结构特征

本研究从男性、女性数量及性别比的变动情况来分析全域型收缩城市的人口性别结构特征。从表3-5可以看出，2000~2010年全域型收缩城市的男性人口显著减少，男性占总人口比重均出现下降，其中表现最为明显的是伊春，到2010年其男性占总人口比降至49.04%，降幅达到3.66%；女性占总人口之比则出现上升，2010年伊春的女性占总人口比重升至50.96%，涨幅达到3.79%。研究期间内，全域型收缩城市的性别比均出现下降，其中下降幅度最大的是伊春，到2010年其人口性别比降至96.25%，降幅达7.18%。全域型收缩城市的男性人口不断减少而女性人口不断增加，反映出在城市资源产业走向衰落的同时，大量男性人口外流以寻求新的工作机会，而女性则留守家庭，意味着在这种趋势下全域型收缩城市会有留守妇女问题出现的可能。这也能够折射出另外一种社会现象，即在农村"三留守"问题出现的背景下，城市的"三留守"问题是否也会出现，是否也将作为一种新现象呈现在部分收缩城市中，是否将引发极为严重的社会后果，应当引起理论界、政府部门甚至是全社会的高度关注。

表 3 – 5　　　　　东北地区全域型收缩城市人口性别的结构特征　　　　单位：%

城市	男性占总人口比重			女性占总人口比重			性别比		
	2000 年	2010 年	增长率	2000 年	2010 年	增长率	2000 年	2010 年	增长率
朝阳市	51.17	50.81	– 0.71	48.83	49.19	0.74	104.81	103.30	– 1.44
辽源市	51.45	50.86	– 1.15	48.55	49.14	1.22	105.98	103.50	– 2.34
鹤岗市	51.07	50.03	– 2.04	48.93	49.97	2.13	104.39	100.13	– 4.08
伊春市	50.91	49.04	– 3.66	49.09	50.96	3.79	103.69	96.25	– 7.18

资料来源：笔者整理所得。

3.3.1.4　流动人口结构特征

本研究将总人口数量与户籍人口数量之差视为流动人口数量，并从流动人口数量、城市人口数量及农村人口数量的变动情况来分析全域型收缩城市的流动人口结构特征。从表 3 – 6 可以看出，2000 年除辽源外，其余 3 座全域型收缩城市均出现了流动人口数量为负的情况，到 2010 年全域型收缩城市全部出现了流动人口数量为负的状态，且 2000 ~ 2010 年流动人口数量在不断减少，其中辽源的流动人口数量下降幅度最大，为 273.84%，到 2010 年朝阳流动人口流失数量最多达到 355024 人，这种情况符合东北人口净流出的现状。2000 ~ 2010 年间，东北地区全域型收缩城市的人口数量除朝阳外均出现了负增长，其中城市人口减少速度最快的是伊春，其降幅达到 14.41%。除伊春外，农村人口数量也均出现负增长，其中下降幅度最大的是朝阳，达到 11.77%。伊春出现农村人口增加而城市人口减少的现象，意味着其城市的衰落，这与伊春的产业结构紧密相关，作为森工城市，其森林业的衰落，势必导致就业机会的减少，城市缺少必要的工作岗位导致城市人口流失且部分人口回流农村。

表 3 – 6　　　　　东北地区全域型收缩城市流动人口的结构特征

城市	流动人口数量			城市人口数量			农村人口数量		
	2000 年（人）	2010 年（人）	增长率（%）	2000 年（人）	2010 年（人）	增长率（%）	2000 年（人）	2010 年（人）	增长率（%）
朝阳市	– 133507	– 355024	165.92	1059254	1160438	9.55	2135574	1884203	– 11.77
辽源市	31657	– 55031	– 273.84	637001	596028	– 6.43	630032	580211	– 7.91

续表

城市	流动人口数量			城市人口数量			农村人口数量		
	2000 年（人）	2010 年（人）	增长率（%）	2000 年（人）	2010 年（人）	增长率（%）	2000 年（人）	2010 年（人）	增长率（%）
鹤岗市	−31142	−14920	−52.09	844927	810873	−4.03	254152	247792	−2.50
伊春市	−80243	−140448	75.03	1126748	964391	−14.41	122873	183735	49.53

资料来源：笔者整理所得。

3.3.2　中心型收缩城市

本研究将 2000 ~ 2010 年市辖区人口增长率为负的城市定义为中心型收缩城市。东北地区的中心型收缩城市有 5 座，分别为铁岭、吉林、白山、齐齐哈尔、鸡西。

中心型收缩城市市辖区出现收缩现象的同时，部分市辖县的人口在 2000 ~ 2010 年间却在增长，表明在收缩城市的内部出现了城市中心区域衰落而郊区崛起的现象。2010 年铁岭、吉林、白山、齐齐哈尔、鸡西的城市化率较 2000 年均有所上升，分别达到 42%、56%、75%、44%、66%，其中城市化率较高的鸡西、白山均为资源型城市，这表明中心型收缩城市的出现与西方的"逆城市化"现象存在明显差别。

3.3.2.1　人口年龄结构特征

从表 3 - 7 可以看出，2000 ~ 2010 年间，中心型收缩城市的 0 ~ 14 岁少年儿童数量占总人口之比均出现大幅下降，白山市辖的江源区下降幅度最大，达到 81.29%。到 2010 年，吉林市辖区、鸡西市辖区、齐齐哈尔市辖区以及白山市辖抚松县的 0 ~ 14 岁少年儿童占总人数之比均降至 10% 以下。2000 ~ 2010 年间，中心型收缩城市的 15 ~ 64 岁劳动年龄人口数量占总人口之比均有小幅度的增加，其中上升幅度最大的是铁岭市辖的西丰县，到 2010 年，其劳动年龄人口占总人口数量之比达到 78.59%。中心型收缩城市 65 岁以上老龄人口占总人口数量之比均有大幅上升，其中老龄人口增加速度最快的是白山市辖的靖宇县，增长率达到 301.32%。到 2010 年，中心型收缩城市均进入了老龄化阶段，其中白山市辖的靖宇县 65 岁及以上老龄人口占比达到 10.86%。总体来看，中心型收缩城市市辖区的 0 ~ 14 岁少年儿童人口减少速度快于市辖县，65 岁及以上老龄人口数量增加速度也快于市辖县，而 15 ~ 64 岁劳动年龄人口数量增加速度慢于市辖县。这种人口结构的变化意味着中心型收缩城市市辖区的社会抚养负担会不断增加，而且未来劳动力也可能会出现短缺状况。

表 3 - 7　　　　　东北地区中心型收缩城市人口的年龄结构特征　　　单位：%

县市	各种年龄组人口占总人口比重								
	0～14 岁			15～64 岁			65 岁及以上		
	2000 年	2010 年	增长率	2000 年	2010 年	增长率	2000 年	2010 年	增长率
铁岭市	19.23	12.77	-36.06	73.99	77.96	5.37	6.79	9.27	31.44
铁岭市辖区	16.17	10.51	-32.14	77.12	79.62	3.24	6.71	9.87	53.65
铁岭县	19.05	12.62	-36.05	73.45	78.02	6.22	7.50	9.37	20.66
西丰县	20.96	13.23	-40.70	71.56	78.59	9.82	7.48	8.18	2.66
昌图县	19.75	14.81	-33.74	73.70	75.99	3.11	6.55	9.20	24.20
调兵山市	18.69	10.29	-44.54	75.93	80.02	5.39	5.38	9.69	81.61
开原市	20.11	12.42	-36.40	72.83	78.38	7.62	7.06	9.19	34.15
吉林市	17.68	11.07	-38.40	75.97	79.61	4.79	6.35	9.33	44.60
吉林市辖区	15.76	9.61	-38.32	77.40	80.18	3.59	6.84	10.20	50.91
永吉县	19.01	11.11	-45.52	75.00	80.46	7.28	5.99	8.43	31.11
蛟河市	17.96	12.10	-36.44	75.42	78.52	4.11	6.62	9.38	33.68
桦甸市	20.31	13.18	-35.04	74.35	78.90	6.12	5.35	7.92	48.31
舒兰市	18.66	12.25	-35.77	75.38	78.83	4.58	5.97	8.92	46.28
磐石市	20.02	12.40	-40.96	74.06	79.29	7.06	5.91	8.31	33.98
白山市	18.66	11.35	-39.93	75.35	78.33	3.95	5.99	10.32	70.09
白山市辖区	17.58	11.09	-31.40	77.11	79.76	3.44	5.31	9.15	87.40
抚松县	19.09	9.51	-58.70	75.14	78.45	4.41	5.77	12.04	72.91
靖宇县	20.94	12.50	-26.05	73.35	76.63	4.47	5.71	10.86	301.32
长白朝鲜族自治县	18.20	12.75	-8.91	75.88	78.68	3.69	5.92	8.57	124.99
江源区	18.42	12.33	-81.29	74.93	77.99	4.08	6.65	9.68	59.30
临江市	18.72	11.10	-43.88	74.36	77.98	4.87	6.92	10.92	49.31
齐齐哈尔市	19.03	13.10	-31.81	75.38	78.69	4.39	5.60	8.21	45.30
齐齐哈尔市辖区	16.00	9.12	-42.51	77.01	80.27	4.23	6.99	10.61	53.18
龙江县	20.43	15.55	-23.60	74.20	77.44	4.37	5.37	7.02	31.26
依安县	20.69	13.68	-29.09	74.33	79.18	6.52	4.98	7.14	53.60
泰来县	19.07	13.50	-31.05	75.26	79.13	5.14	5.68	7.38	26.63
甘南县	20.16	14.70	-25.43	75.03	78.21	4.24	4.81	7.08	50.52

续表

县市	各种年龄组人口占总人口比重								
	0~14 岁			15~64 岁			65 岁及以上		
	2000 年	2010 年	增长率	2000 年	2010 年	增长率	2000 年	2010 年	增长率
富裕县	19.44	13.89	-30.67	75.66	78.75	4.08	4.90	7.35	45.61
克山县	20.05	14.66	-34.59	74.91	77.34	3.24	5.04	7.99	41.81
克东县	20.39	16.52	-19.05	74.98	77.09	2.81	4.63	6.38	37.62
拜泉县	21.50	13.63	-36.39	73.77	79.65	7.97	4.73	6.72	42.51
讷河市	19.71	15.88	-25.00	75.19	76.33	1.52	5.10	7.79	42.29
鸡西市	17.53	10.90	-40.50	76.37	78.97	3.40	6.10	10.13	58.96
鸡西市辖区	16.44	9.59	-44.72	77.05	79.62	3.34	6.51	10.79	57.00
鸡东县	19.64	12.54	-38.74	74.88	79.07	5.60	5.48	8.39	46.74
虎林市	18.29	11.45	-36.13	75.74	77.76	2.67	5.97	10.79	84.53
密山市	17.89	12.15	-36.85	76.39	78.49	2.75	5.73	9.36	51.97

资料来源：笔者整理所得。

3.3.2.2　人口社会结构特征

从表 3-8 可以看出，2000~2010 年间，中心型收缩城市市辖区的第一、第二产业人口占行业人口比重均出现了下降的情况，第三产业人口占行业人口比有所增加，但总体增加幅度不大。从第一产业人口占行业人口比重变化情况来看，2000~2010 年间，除西丰县、调兵山市、长白朝鲜族自治县、江源区、虎林市、密山市这 6 个市辖县出现正向增长外，其余市辖区、县均出现了下降状态，其中白山市辖区下降幅度最大，达到 45.52%。整体来看，市辖区第一产业就业人口降幅要大于市辖县。2000~2010 年间，中心型收缩城市市辖区的第二产业人口占总人口之比均不断下降，其中下降幅度最大的是吉林市辖区，达到 23.84%；市辖县的第二产业人口占行业人口比则出现了分化，其中第二产业人口占行业人口比重出现减少的市辖县占市辖县总数的 44.44%；增长速度最快的是铁岭市辖的铁岭县，其增长率达到 132.30%；下降速度最快的是白山市辖的江源区，其增长率达到 -75.01%。2000~2010 年间，中心型收缩城市市辖区第三产业人口占行业人口比均出现了上升，其中上升幅度最大的是吉林市辖区，达到 39.64%；到 2010 年，第三产业人口占行业人口比重最高的是铁岭市辖区，达到 60.92%；市辖县中除西丰县、调兵山市、依安县外，其他市辖

表 3-8 东北地区中心型收缩城市人口社会结构特征

单位：%

县市	三次产业人口占行业人口比重									大学本科及以上学历人口占比		
	第一产业			第二产业			第三产业					
	2000 年	2010 年	增长率	2000 年	2010 年	增长率	2000 年	2010 年	增长率	2000 年	2010 年	增长率
铁岭市	73.16	67.49	-7.75	9.36	10.13	8.23	17.48	22.39	28.09	0.66	1.72	159.60
铁岭市辖区	23.54	17.39	-26.12	28.10	21.68	-22.83	48.36	60.92	25.96	2.36	5.24	121.64
铁岭县	89.90	84.34	-6.18	2.91	6.76	132.30	7.19	8.90	23.78	0.05	0.47	799.04
西丰县	78.52	85.56	8.97	4.95	2.43	-50.91	16.53	12.02	-27.28	0.37	1.33	258.30
昌图县	85.56	85.30	-0.30	2.76	3.01	9.06	11.68	11.70	0.17	0.24	0.64	172.44
调兵山市	21.56	22.20	2.97	46.22	47.17	2.06	32.23	30.62	-5.00	1.17	2.75	136.08
开原市	79.53	64.14	-19.35	5.82	9.12	56.70	14.65	26.74	82.53	0.39	1.00	156.64
吉林市	58.35	54.96	-5.81	18.59	14.91	-19.8	23.06	30.14	30.70	1.72	4.26	147.25
吉林市辖区	34.85	29.76	-14.62	32.65	24.87	-23.84	32.50	45.38	39.64	3.46	8.11	134.69
永吉县	77.92	74.08	-4.93	6.60	8.20	24.24	15.48	17.72	14.47	0.42	1.08	158.65
蛟河市	70.92	68.82	-2.96	9.75	8.32	-14.67	19.34	22.86	18.20	0.43	1.16	170.57
桦甸市	68.03	63.69	-6.38	12.01	10.52	-12.41	19.97	25.79	29.14	0.48	1.66	249.52
舒兰市	76.99	73.44	-4.61	8.48	7.46	-12.03	14.53	19.10	31.45	0.27	0.70	159.96
磐石市	74.32	70.70	-4.87	9.62	9.90	2.91	16.05	19.40	20.87	0.39	1.27	222.61

县市	三次产业人口占行业人口比重												大学本科及以上学历人口占比		
	第一产业			第二产业			第三产业								
	2000 年	2010 年	增长率	2000 年	2010 年	增长率	2000 年	2010 年	增长率				2000 年	2010 年	增长率
白山市															
白山市辖区	35.55	30.76	-13.47	29.34	23.86	-18.68	35.11	45.38	29.25				0.82	2.57	212.99
抚松县	15.72	8.58	-45.42	36.47	29.37	-19.47	47.81	62.05	29.78				1.50	3.96	164.61
靖宇县	51.55	18.37	-64.36	20.02	42.83	113.94	28.43	38.80	36.48				0.66	1.16	75.23
长白朝鲜族自治县	57.44	45.17	-21.36	11.68	16.70	42.98	30.88	38.14	23.51				0.64	2.28	254.41
江源区	50.78	52.87	4.12	16.15	10.37	-35.79	33.07	36.76	11.16				1.05	2.29	118.39
临江市	17.42	44.83	157.35	50.75	12.68	-75.01	31.83	42.49	33.49				0.37	3.48	845.47
齐齐哈尔市	41.44	38.87	-6.20	26.71	20.56	-23.03	31.86	40.56	27.31				0.53	2.07	289.91
齐齐哈尔市辖区	68.77	66.90	-2.72	11.91	10.83	-9.07	19.32	22.27	15.27				0.89	2.20	145.66
龙江县	23.39	21.40	-8.49	37.74	30.61	-18.90	38.87	47.99	23.45				2.59	5.75	121.80
依安县	82.22	77.39	-5.87	4.10	6.52	59.02	13.68	16.09	17.62				0.22	0.83	282.52
泰来县	82.33	84.01	2.04	3.95	4.39	11.14	13.71	11.60	-15.39				0.18	0.54	196.89
甘南县	79.50	78.23	-1.60	4.45	4.32	-2.92	16.05	17.45	8.72				0.23	1.03	350.57
富裕县	81.38	80.25	-1.39	4.52	4.44	-1.77	14.10	15.32	8.65				0.25	0.71	179.62
克山县	75.25	74.36	-1.18	8.53	7.38	-13.48	16.22	18.26	12.58				0.35	0.98	180.47
	80.89	77.90	-3.70	4.42	6.31	42.76	14.69	15.79	7.49				0.28	0.59	107.64

续表

县市	三次产业人口占行业人口比重									大学本科及以上学历人口占比		
	第一产业			第二产业			第三产业					
	2000年	2010年	增长率	2000年	2010年	增长率	2000年	2010年	增长率	2000年	2010年	增长率
克东县	80.54	77.49	-3.79	4.50	7.25	61.11	14.95	15.25	2.01	0.20	0.94	379.31
拜泉县	87.02	83.03	-4.59	2.44	3.39	38.93	10.53	13.59	29.06	0.09	0.42	355.53
讷河市	84.50	78.78	-6.77	3.64	4.62	26.92	11.86	16.60	39.97	0.23	0.91	288.50
鸡西市	50.47	46.95	-6.97	19.20	18.93	-1.41	30.33	34.12	12.50	1.19	1.83	53.59
鸡西市辖区	21.53	17.67	-17.95	37.46	36.33	-3.03	41.01	46.01	12.18	1.35	1.98	47.15
鸡东县	69.46	63.07	-9.20	10.81	14.39	33.12	19.73	22.54	14.24	0.35	1.27	259.14
虎林市	59.59	61.75	3.62	11.22	7.41	-33.96	29.19	30.85	5.69	0.68	1.96	190.63
密山市	69.97	70.01	0.06	7.65	6.37	-16.73	22.38	23.62	5.54	1.77	1.76	-0.46

资料来源：笔者整理所得。

县的第三产业人口占行业人口比重也出现上升，上升幅度最大的是铁岭市辖的开原市，达到 82.53%。中心型收缩城市的三次产业人口变化情况符合产业升级规律，可以看出市辖区的第三产业发展程度明显优于市辖县，说明中心城区在拥有较好的基础设施建设以及行政优势的情况下，其第三产业仍能够享有优于市辖县的发展机会；而市辖县还普遍以第一、第二产业发展为主。研究时段内，中心型收缩市辖区的大学本科及以上学历人口占比均有了很大增长幅度，增长率最高的是吉林市辖区，达到 134.69%。市辖县中除密山的高学历人口占总人口比在 2000～2010 年间下降了0.46% 外，其余市辖县均出现了增加现象。值得注意的是，虽然 2000～2010 年间中心型收缩城市市辖区高学历人口占总人口比重增长率较高，但普遍低于其市辖县的增长幅度，这种现象与市辖县高素质人口基数小有关，但也在某种程度上能够反映出中心型收缩城市中心城区高素质人口流失的问题。

3.3.2.3　人口性别结构特征

从表 3-9 可以看出，2000～2010 年间东北地区中心型收缩城市市辖区、市辖县的男性占总人口比重均不断下降，其中齐齐哈尔市辖的克山县下降幅度最大，为 3.66%，到 2010 年其男性占总人口比重降至 49.22%，整体来看，市辖区男性占总人口比重下降速度低于市辖县。2000～2010 年间，除齐齐哈尔市辖区及其市辖依山县外，其余市辖区、县女性占总人口比重均不断上升，其中齐齐哈尔市辖的克山县上升幅度最大，为 3.82%，到 2010 年其女性占总人口比重降至 50.78%；市辖区的女性占总人口比重增长速度并没有明显快于市辖县，反而低于市辖县，齐齐哈尔市辖区甚至出现了负增长。2000～2010 年间，除齐齐哈尔市辖区及其市辖依山县外，其余市辖区、县男女性别比均不断下降，降幅最大的也是克山县，达到7.20%。总体来看，市辖区性别比下降幅度低于市辖县。齐齐哈尔市辖的克山县是典型的男性大量流出而导致性别比不断下降的地区，其男女比例在逐渐趋于平衡。和全域型收缩城市一样，东北地区的中心型收缩城市男性人口在 2000～2010 年间大量流出，这可能与东北经济转型及发展滞后有关，也能够从侧面反映出，男性比女性更加偏好通过迁移来获取更好的工作机会，能够承担更大的迁移成本。

表 3 - 9　　　　　　东北地区中心型收缩城市人口性别结构特征　　　　单位：%

县市	男性占总人口比重			女性占总人口比重			性别比		
	2000 年	2010 年	增长率	2000 年	2010 年	增长率	2000 年	2010 年	增长率
铁岭市	51.05	50.72	- 0.65	48.95	49.28	0.67	104.30	102.94	- 1.30
铁岭市辖区	50.21	50.09	- 0.24	49.79	49.91	0.24	100.83	100.35	- 0.47
铁岭县	51.75	51.48	- 0.50	48.25	48.52	0.54	107.23	106.12	- 1.04
西丰县	51.45	50.89	- 1.08	48.55	49.11	1.14	105.96	103.63	- 2.20
昌图县	51.05	50.46	- 1.15	48.95	49.54	1.20	104.27	101.85	- 2.32
调兵山市	50.69	50.54	- 0.29	49.31	49.46	0.30	102.80	102.20	- 0.58
开原市	51.24	51.18	- 0.11	48.76	48.82	0.12	105.07	104.84	- 0.22
吉林市	50.99	50.62	- 0.74	49.01	49.38	0.77	104.06	102.49	- 1.51
吉林市辖区	50.42	50.29	- 0.25	49.58	49.71	0.25	101.69	101.18	- 0.50
永吉县	51.25	50.99	- 0.51	48.75	49.01	0.53	105.14	104.05	- 1.04
蛟河市	51.36	50.76	- 1.18	48.64	49.24	1.24	105.60	103.07	- 2.40
桦甸市	51.44	50.86	- 1.13	48.56	49.14	1.20	105.95	103.50	- 2.31
舒兰市	51.55	50.81	- 1.44	48.45	49.19	1.53	106.42	103.30	- 2.93
磐石市	51.51	50.99	- 1.01	48.49	49.01	1.07	106.21	104.03	- 2.05
白山市	51.61	50.98	- 1.22	48.39	49.02	1.30	106.66	104.01	- 2.48
白山市辖区	51.31	50.54	- 1.51	48.69	49.46	1.60	105.40	102.17	- 3.06
抚松县	51.73	51.30	- 0.83	48.27	48.70	0.88	107.17	105.35	- 1.70
靖宇县	52.06	51.21	- 1.63	47.94	48.79	1.77	108.59	104.96	- 3.34
长白朝鲜族自治县	52.09	51.86	- 0.44	47.91	48.14	0.48	108.73	107.73	- 0.92
江源区	51.65	50.95	- 1.37	48.35	49.05	1.46	106.85	103.87	- 2.79
临江市	51.33	50.41	- 1.78	48.67	49.59	1.87	105.45	101.67	- 3.58
齐齐哈尔市	51.07	50.02	- 2.04	48.93	49.98	2.13	104.36	100.10	- 4.08
齐齐哈尔市辖区	50.40	50.78	0.75	49.60	49.22	- 0.76	101.61	103.16	1.53
龙江县	51.41	50.94	- 0.90	48.59	49.06	0.95	105.79	103.85	- 1.83
依安县	51.17	51.37	0.39	48.83	48.63	- 0.41	104.81	105.65	0.80
泰来县	52.24	50.71	- 2.92	47.76	49.29	3.19	109.37	102.90	- 5.92
甘南县	51.28	50.96	- 0.63	48.72	49.04	0.66	105.26	103.90	- 1.29
富裕县	51.34	50.00	- 2.60	48.66	50.00	2.74	105.50	100.01	- 5.20

续表

县市	男性占总人口比重			女性占总人口比重			性别比		
	2000 年	2010 年	增长率	2000 年	2010 年	增长率	2000 年	2010 年	增长率
克山县	51.09	49.22	-3.66	48.91	50.78	3.82	104.45	96.93	-7.20
克东县	51.25	50.62	-1.22	48.75	49.38	1.29	105.12	102.51	-2.48
拜泉县	51.38	49.61	-3.44	48.62	50.39	3.63	105.66	98.45	-6.82
讷河市	51.15	51.06	-0.17	48.85	48.94	0.17	104.70	104.35	-0.33
鸡西市	51.46	50.76	-1.37	48.54	49.24	1.46	106.04	103.08	-2.79
鸡西市辖区	51.33	51.19	-0.28	48.67	48.81	0.29	105.49	104.89	-0.56
鸡东县	52.04	51.16	-1.70	47.96	48.84	1.84	108.52	104.75	-3.47
虎林市	51.63	51.02	-1.19	48.37	48.98	1.27	106.75	104.15	-2.44
密山市	51.24	50.70	-1.04	48.76	49.30	1.10	105.08	102.85	-2.12

资料来源：笔者整理所得。

3.3.2.4 流动人口结构特征

从表 3 - 10 可以看出，就全市范围而言，2000 年除白山市外其余中心型收缩城市均出现了流动人口数量为负的情况。2000～2010 年间中心型收缩城市人口净流出程度不断加重，除白山市和吉林市流动人口数量分别保持在 27811 人和 66390 人外，其余城市流动人口数量仍为负且所有中心型收缩城市均出现了流动人口流失速度加快的趋向。就市辖区而言，2000～2010 年间降幅最大的是铁岭市辖区，为 51.52%。其中，2000 年鸡西市辖区就出现了流动人口数量为负的情况，在 2000～2010 年间其人口流失情况愈加严重。就市辖县而言，2000～2010 年间其流动人口数量增长率则出现了分化现象，其中 59.26% 的市辖县出现流动人口数量的负增长，下降幅度最大的是吉林市辖的磐石市，达到 496.68%，而出现流动人口正增长的市辖县中，上升幅度最大的是鸡西市辖的密山市，达到 891.69%。就全市范围而言，铁岭、吉林、齐齐哈尔的城市人口数量不断增长，其增幅分别为 4.87%、0.17%、5.73%；白山、鸡西的城市人口数量则出现了负增长，其降幅分别为 0.96%、1.20%；就市辖区而言，铁岭市辖区、吉林市辖区、白山市辖区城市人口数量不断增加，增幅分别为 2.29%、1.47%、7.46%；齐齐哈尔市辖区、鸡西市辖区城市人口数量出现负增长，其降幅分别为 1.78%、10.01%；33.33% 的市辖县出现了城市人口数量负增长的现象，其中降幅最大的是白山市辖的江源区，达到 80.64%。2000～2010

年间，就全市范围而言，所有中心型收缩城市的农村人口数量增长率均为负，意味着全市范围内农村人口不断减少，其中下降幅度最大的是鸡西，达到 9.75%；所有市辖区的农村人口数量增长率均为正，其中增幅最大的是鸡西市辖区，达到 43.56%；81.48% 的市辖县农村人口数量增长率为负，其中下降幅度最大的是白山市辖的江源区，达到 31.96%。

表 3 - 10　　　　　东北地区中心型收缩城市流动人口结构特征

县市	流动人口数量			城市人口数量			农村人口数量		
	2000 年（人）	2010 年（人）	增长率（%）	2000 年（人）	2010 年（人）	增长率（%）	2000 年（人）	2010 年（人）	增长率（%）
铁岭市	-171261	-319395	86.50	1092582	1145784	4.87	1730638	1571948	-9.17
铁岭市辖区	10293	4990	-51.52	387634	396505	2.29	46165	56568	22.53
铁岭县	-32830	-45851	39.66	33065	61408	85.72	318129	277637	-12.73
西丰县	-35010	-55100	57.38	64214	70947	10.49	245202	219688	-10.41
昌图县	-73032	-186793	155.77	207092	178839	-13.64	752347	669085	-11.07
调兵山市	6184	2609	-57.81	204060	195673	-4.11	35576	45758	28.62
开原市	-46866	-39250	-16.25	196517	242412	23.35	333219	303212	-9.01
吉林市	207171	66390	-67.95	2481880	2486066	0.17	2003614	1927091	-3.82
吉林市辖区	150335	146924	-2.27	1448434	1469722	1.47	504700	505399	0.14
永吉县	18676	-3085	-116.52	117334	138241	17.82	305967	256245	-16.25
蛟河市	4650	-7081	-252.28	207818	201712	-2.94	266291	245514	-7.80
桦甸市	17073	-15943	-193.38	238655	193537	-18.91	205760	251306	22.14
舒兰市	8807	-24158	-374.3	257126	254850	-0.89	402939	390852	-3.00
磐石市	7630	-30267	-496.68	212513	228004	7.29	317957	277775	-12.64
白山市	95459	27811	-70.87	979261	969899	-0.96	333101	326228	-2.06
白山市辖区	37727	51625	36.84	301517	324008	7.46	33883	40715	20.16
抚松县	17114	3977	-76.76	205577	179279	-12.79	101159	75014	-25.85
靖宇县	6649	-11111	-267.11	76029	218680	187.63	65091	79280	21.80
长白朝鲜族自治县	6996	-9860	-240.94	42803	73122	70.83	41864	58509	39.76
江源区	17160	-9734	-156.72	213722	41375	-80.64	45816	31175	-31.96
临江市	9813	2914	-70.30	139613	133435	-4.43	45288	41535	-8.29
齐齐哈尔市	-288092	-325707	13.06	2238149	2366355	5.73	3181472	3000648	-5.68

续表

县市	流动人口数量			城市人口数量			农村人口数量		
	2000 年 （人）	2010 年 （人）	增长率 （%）	2000 年 （人）	2010 年 （人）	增长率 （%）	2000 年 （人）	2010 年 （人）	增长率 （%）
齐齐哈尔市 辖区	142423	117771	-17.31	1338587	1314720	-1.78	201502	239068	18.64
龙江县	-43365	-45590	5.13	121027	133204	10.06	449579	439560	-2.23
依安县	-81639	-22282	-72.71	82622	108962	31.88	365084	371073	1.64
泰来县	-20280	-22489	10.89	82311	95257	15.73	227849	206770	-9.25
甘南县	-15172	-26830	76.84	91705	102716	12.01	268850	266018	-1.05
富裕县	-18673	-19798	6.02	97254	108929	12.00	187710	167608	-10.71
克山县	-65718	-97912	48.99	96300	89510	-7.05	354387	313665	-11.49
克东县	-46330	-32735	-29.34	66391	78507	18.25	198172	185778	-6.25
拜泉县	-116205	-76652	-34.04	82856	100826	21.69	435140	418940	-3.72
讷河市	-23133	-99190	328.78	179096	233724	30.50	493199	392654	-20.20
鸡西市	-28395	-30471	7.31	1237968	1223140	-1.20	708089	639025	-9.75
鸡西市辖区	-11885	-17406	46.45	829931	746889	-10.01	80851	116070	43.56
鸡东县	-5065	-18509	265.43	84362	106611	26.37	201127	167260	-16.84
虎林市	-9448	25248	-367.23	149222	193028	29.36	162287	124856	-23.06
密山市	-1997	-19804	891.69	174453	176612	1.24	263824	230839	-12.50

资料来源：笔者整理所得。

3.3.3　边缘型收缩城市

本研究将 2000～2010 年间市辖县人口增长率均为负的城市定义为边缘型收缩城市。东北地区的边缘型收缩城市有 4 座，分别为赤峰、呼伦贝尔、抚顺、阜新。

2000～2010 年间，边缘型收缩城市的市辖区人口增长而市辖县人口减少，意味着在赤峰、呼伦贝尔、抚顺、阜新的人口流失的同时，其内部存在人口从周边向城市中心区域的集聚。说明边缘型收缩城市的人口变化存在"边缘→城市中心区域""边缘→其他城市""城市中心区域→其他城市"三种情况。

3.3.3.1　人口年龄结构特征

从表 3-11 可以看出，2000～2010 年间东北地区边缘型收缩城市的市辖区、市辖县的 0～14 岁少年儿童数量占总人口比重均呈现出较大的降幅，其中鄂温克族自治旗下降幅度最大，达到 57.79%；到 2010 年，抚顺市辖区少年儿童数量占总人口比重最低，仅为 8.06%；即使是少年儿童数量占总人口比重最高的喀喇沁旗，也仅为 17.22%，这意味着潜在劳动力匮乏将成为边缘型收缩城市面临的巨大问题。边缘型收缩城市的劳动年龄人口占总人口比重在 2000～2010 年间呈现上升趋势，其中莫力达瓦达斡尔族自治旗上升幅度最大，达到 17.14%，2010 年，莫力达瓦达斡尔族自治旗的劳动年龄人口占总人口比重为 83.78%，属于劳动年龄人口占总人口比最大的市辖县。边缘型收缩城市老龄人口占总人口比重出现较大增幅，其中上升速度最快的是陈巴尔虎旗，达到 226.01%；到 2010 年，边缘型收缩城市市辖区老龄人口占比均超过 7%，进入老龄化阶段，但仍有 29.41% 的市辖县未进入老龄化阶段；从老龄人口占总人口比重来看，边缘型收缩城市市辖区的老龄化程度均重于其市辖县。结合对 3 个年龄阶段人口结构的分析，可以发现边缘型收缩城市呈现的人口结构为橄榄形，存在较大的人口红利，但由于其少年儿童占总人口比重较低，不利于现有人口结构的保持。

表 3 – 11　　　　　东北地区边缘型收缩城市人口年龄结构特征　　　　单位：%

县市	各种年龄组人口占总人口比重								
	0～14 岁			15～64 岁			65 岁及以上		
	2000 年	2010 年	增长率	2000 年	2010 年	增长率	2000 年	2010 年	增长率
赤峰市	22.50	15.32	-31.91	72.31	77.21	6.78	5.20	7.46	43.46
赤峰市辖区	22.14	14.95	-32.48	72.88	77.57	6.44	4.98	7.48	50.20
阿鲁科尔沁旗	22.39	14.91	-33.41	72.88	78.15	7.23	4.73	6.94	46.72
巴林左旗	21.27	16.24	-23.65	73.85	77.38	4.78	4.88	6.38	30.74
巴林右旗	23.05	14.75	-36.01	72.9	79.28	8.75	4.06	5.97	47.04
林西县	20.19	14.26	-29.37	74.19	77.72	4.76	5.62	8.02	42.70
克什克腾旗	23.04	12.69	-44.92	71.94	80.36	11.70	5.01	6.95	38.72
翁牛特旗	22.64	14.96	-33.92	72.26	77.33	7.02	5.10	7.72	51.37
喀喇沁旗	22.53	17.22	-23.57	71.97	74.59	3.64	5.50	8.19	48.91
宁城县	23.69	15.78	-33.39	70.54	76.35	8.24	5.78	7.86	35.99
敖汉旗	23.15	16.30	-29.59	71.26	75.90	6.51	5.60	7.80	39.29

县市	各种年龄组人口占总人口比重								
	0～14 岁			15～64 岁			65 岁及以上		
	2000 年	2010 年	增长率	2000 年	2010 年	增长率	2000 年	2010 年	增长率
呼伦贝尔市	20.99	12.23	-41.73	74.19	79.65	7.36	4.82	8.11	68.26
呼伦贝尔市辖区	17.72	10.59	-40.24	76.38	81.31	6.45	5.90	8.10	37.29
满洲里市	19.14	14.13	-26.18	75.71	79.55	5.07	5.15	6.32	22.72
扎兰屯市	21.31	16.27	-23.65	73.74	78.39	6.31	4.96	5.34	7.66
牙克石市	18.81	12.63	-32.85	74.99	77.71	3.63	6.20	9.67	55.97
根河市	19.09	11.59	-39.29	75.67	81.32	7.47	5.24	7.09	35.31
额尔古纳市	20.40	11.15	-45.34	75.30	82.32	9.32	4.29	6.53	52.21
阿荣旗	23.64	12.78	-45.94	72.08	81.74	13.40	4.28	5.48	28.04
莫力达瓦达斡尔族自治旗	24.99	11.38	-54.46	71.52	83.78	17.14	3.49	4.84	38.68
鄂伦春自治旗	21.51	11.60	-46.07	74.22	81.54	9.86	4.27	6.86	60.66
鄂温克族自治旗	21.04	8.88	-57.79	74.98	79.18	5.60	3.97	11.94	200.76
新巴尔虎右旗	21.95	13.77	-37.27	74.27	78.65	5.90	3.77	7.58	101.06
新巴尔虎左旗	22.37	12.51	-44.08	73.68	79.21	7.51	3.95	8.28	109.62
陈巴尔虎旗	21.76	9.95	-54.27	74.28	77.14	3.85	3.96	12.91	226.01
抚顺市	16.26	9.50	-41.57	75.46	79.22	4.98	8.29	11.28	36.07
抚顺市辖区	14.43	8.06	-44.14	76.42	79.59	4.15	9.15	12.35	34.97
抚顺县	17.44	12.19	-30.10	74.89	77.79	3.87	7.67	10.02	30.64
新宾满族自治县	20.43	12.47	-38.96	73.25	78.87	7.67	6.32	8.67	37.18
清原满族自治县	19.94	12.51	-37.26	73.48	78.49	6.82	6.58	8.99	36.63
阜新市	18.55	12.14	-34.56	74.3	77.71	4.59	7.14	10.16	42.30
阜新市辖区	16.25	9.37	-42.34	76.18	78.79	3.43	7.56	11.85	56.75

| 县市 | 各种年龄组人口占总人口比重 | | | | | | | | |
| | 0~14 岁 | | | 15~64 岁 | | | 65 岁及以上 | | |
	2000 年	2010 年	增长率	2000 年	2010 年	增长率	2000 年	2010 年	增长率
阜新蒙古族自治县	20.69	14.45	-30.16	72.65	77.07	6.08	6.66	8.48	27.33
彰武县	19.28	13.93	-27.75	73.55	76.53	4.05	7.17	9.55	33.19

资料来源：笔者整理所得。

3.3.3.2　人口社会结构特征

从表 3-12 可以看出，2000~2010 年间边缘型收缩城市市辖区第一产业人口占总人口比重呈下降趋势，其中下降幅度最大的是抚顺市辖区，达到 57.26%。市辖县则出现了两极分化，第一产业人口占总人口比重上升的市辖县约占市辖县总数的 30.77%，其中上升幅度最大的是满洲里市，达到 1570.90%；大部分市辖县比重下降，其中下降幅度最大的是鄂伦春自治旗，达到 92.80%。2000~2010 年间边缘型收缩城市市辖区第二产业人口占总人口比重除赤峰市辖区增长 0.58% 外，其余城市市辖区均出现大幅下降；2000~2010 年间边缘型收缩城市市辖县第二产业人口占总人口比重也出现了两种趋势，其中约 53.85% 的市辖县第二产业人口在 10 年间出现下降，下降幅度最大的是满洲里市，达到 78.81%；而出现第二产业人口占总人口比重上升的市辖县中，莫力达瓦达斡尔族自治旗上升幅度最大，达 388.37%；总体来看，边缘型收缩城市市辖区第二产业人口占总人口比高于市辖县，但二者差距逐渐减小。研究时段内，除满洲里市、扎兰屯市、牙克石市、根河市、新巴尔虎右旗的第三产业人口占总人口之比下降外，其余市辖区、市辖县均呈现上升趋势，其中莫力达瓦达斡尔族自治旗上升最快，达 150.14%。到 2010 年，呼伦贝尔市辖区第三产业人口占总人口比最高，达到 73.02%。总体而言，边缘型收缩城市市辖区第三产业发展优于市辖县。2000~2010 年间，除满洲里市大学本科及以上学历人口占总人口比减少 13.19% 外，其余市辖区、市辖县均有巨大的上升，其中莫力达瓦达斡尔族自治旗表现最为显著，上升 2718.89%，表明对于绝大多数的城市而言，人力资本水平并未下滑，依旧重视人才的吸纳与引进。

表 3—12　东北地区边缘型收缩城市人口社会结构特征

单位：%

县市	三次产业人口占行业人口比重									大学本科及以上学历人口占比		
	第一产业			第二产业			第三产业					
	2000 年	2010 年	增长率	2000 年	2010 年	增长率	2000 年	2010 年	增长率	2000 年	2010 年	增长率
赤峰市	73.58	66.76	-9.27	10.53	11.79	11.97	15.89	21.45	34.99	0.60	2.33	291.04
赤峰市辖区	45.71	37.93	-17.01	22.80	22.93	0.58	31.50	39.14	24.26	1.55	4.19	170.05
阿鲁科尔沁旗	80.46	80.91	0.56	6.49	4.32	-33.44	13.06	14.77	13.09	0.32	1.82	468.94
巴林左旗	78.90	76.52	-3.02	8.70	7.88	-9.43	12.40	15.61	25.89	0.25	1.61	546.90
巴林右旗	74.91	63.72	-14.94	5.46	9.32	70.70	19.63	26.96	37.34	0.47	1.62	243.91
林西县	79.09	69.51	-12.11	6.85	9.16	33.72	14.07	21.33	51.60	0.22	1.32	487.38
克什克腾旗	79.11	60.74	-23.22	6.01	18.79	212.65	14.88	20.47	37.57	0.24	2.09	761.98
翁牛特旗	84.41	83.19	-1.45	5.67	4.91	-13.40	9.91	11.90	20.08	0.21	1.55	630.47
喀喇沁旗	76.52	76.26	-0.34	11.68	9.33	-20.12	11.80	14.41	22.12	0.31	1.48	377.13
宁城县	80.57	77.63	-3.65	9.14	8.53	-6.67	10.30	13.84	34.37	0.27	1.40	419.81
敖汉旗	86.69	78.58	-9.36	4.26	7.07	65.96	9.05	14.34	58.45	0.19	1.18	512.47
呼伦贝尔市	45.09	46.33	2.75	19.38	13.64	-29.62	35.52	40.03	12.70	0.67	2.93	335.20
呼伦贝尔市辖区	11.61	9.45	-18.60	23.90	17.53	-26.65	64.49	73.02	13.23	2.34	8.56	265.97
满洲里市	4.57	76.36	1570.90	30.48	6.46	-78.81	64.95	17.18	-73.55	1.10	0.95	-13.19
扎兰屯市	68.60	81.83	19.29	9.47	2.47	-73.92	21.94	15.70	-28.44	0.38	1.30	245.70

续表

县市	三次产业人口占行业人口比重									大学本科及以上学历人口占比		
	第一产业			第二产业			第三产业					
	2000年	2010年	增长率	2000年	2010年	增长率	2000年	2010年	增长率	2000年	2010年	增长率
牙克石市	12.44	51.66	315.27	40.36	10.06	-75.07	47.20	38.28	-18.90	0.75	1.71	128.38
根河市	12.45	28.94	132.45	40.58	29.32	-27.75	46.97	41.74	-11.13	0.53	3.48	556.84
额尔古纳市	35.38	46.00	30.02	25.96	12.11	-53.35	38.67	41.89	8.33	0.56	2.46	339.51
阿荣旗	81.58	64.79	-20.58	4.64	4.79	3.23	13.77	30.42	120.92	0.19	2.76	1367.71
莫力达瓦达斡尔族自治旗	78.72	37.55	-52.30	3.87	18.90	388.37	17.41	43.55	150.14	0.15	4.29	2718.89
鄂伦春自治旗	40.99	2.95	-92.80	22.20	28.23	27.16	36.82	68.82	86.91	0.37	3.56	851.36
鄂温克族自治旗	28.37	21.36	-24.71	29.20	21.07	-27.84	42.44	57.56	35.63	0.85	2.15	154.07
新巴尔虎右旗	48.90	66.46	35.91	11.16	9.69	-13.17	39.94	23.85	-40.29	0.50	1.48	193.81
新巴尔虎左旗	62.73	45.80	-26.99	6.24	9.49	52.08	31.03	44.71	44.09	0.52	2.64	408.77
陈巴尔虎旗	49.98	27.82	-44.34	17.32	21.24	22.63	32.69	50.94	55.83	0.48	2.20	357.71
抚顺市	40.77	31.44	-22.88	30.03	26.73	-10.99	29.21	41.83	43.20	1.84	5.12	179.04
抚顺市辖区	10.59	4.53	-57.26	48.18	39.38	-18.26	41.23	56.10	36.05	2.72	7.14	162.16
抚顺县	76.85	80.16	4.31	12.76	8.56	-32.92	10.39	11.28	8.57	0.33	0.45	39.03
新宾满族自治县	75.70	67.56	-10.75	7.81	9.36	19.85	16.49	23.09	40.02	0.27	1.10	307.44
清原满族自治县	71.44	63.94	-10.50	11.34	11.77	3.79	17.22	24.29	41.06	0.29	1.32	348.36

续表

县市	三次产业人口占行业人口比重									大学本科及以上学历人口占比		
	第一产业			第二产业			第三产业					
	2000 年	2010 年	增长率	2000 年	2010 年	增长率	2000 年	2010 年	增长率	2000 年	2010 年	增长率
阜新市	63.73	61.86	-2.93	15.37	11.82	-23.10	20.90	26.33	25.98	1.39	3.16	127.20
阜新市辖区	9.84	8.18	-16.85	44.66	29.23	-34.54	45.50	62.58	37.53	3.01	6.14	103.91
阜新蒙古族自治县	85.36	84.12	-1.45	4.35	5.57	28.05	10.29	10.31	0.19	0.25	0.92	273.02
彰武县	83.51	83.07	-0.53	3.28	3.06	-6.71	13.21	13.86	4.92	0.22	0.79	249.78

资料来源：笔者整理所得。

3.3.3.3　人口性别结构特征

从表 3 - 13 中可以看出，2000 ~ 2010 年间，就全市范围而言，除赤峰男性占总人口比重有所上升外，其余边缘型收缩城市的男性占总人口比重均有所下降，其中幅度最大的是阜新，达到 0.56%；赤峰市辖区、呼伦贝尔市辖区的男性占总人口比重分别上升 0.39%、0.61%，抚顺市辖区、阜新市辖区的男性占总人口比重分别下降 0.16%、0.67%；61.54% 的市辖县男性占总人口比重出现负增长，其中下降幅度最大的是呼伦贝尔市辖的陈巴尔虎旗，达到 3%；出现男性占总人口比重上升的市辖县中，赤峰市辖的克什克腾旗上升幅度最大，达到 5.94%。2000 ~ 2010 年间，就全市范围来看，除赤峰女性占总人口比重有所下降外，其余边缘型收缩城市女性占总人口比重均出现上升，其中上升幅度最大的是阜新，达到 0.57%；抚顺市辖区、阜新市辖区的女性占总人口比重分别上升 0.16%、0.67%，赤峰市辖区、呼伦贝尔市辖区的女性占总人口比重分别下降 0.40%、0.62%；38.46% 的市辖县女性占总人口比重有所下降，其中幅度最大的是赤峰市辖的克什克腾旗，达到 6.35%。从全市范围来看，除赤峰外人口性别比均出现下降，其中降幅最大的是阜新，达到 1.12%；赤峰市辖区、呼伦贝尔市辖区的男性占总人口比重分别上升 0.79%、1.24%，抚顺市辖区、阜新市辖区的男性占总人口比重分别下降 0.32%、1.34%；61.54% 的市辖县人口性别比出现下降，其中下降幅度最大的是呼伦贝尔市辖的陈巴尔虎旗，达到 6.07%。总体来看，边缘型收缩城市虽然也出现了男性人口外流的现象，但其速度明显低于全域型收缩城市和中心型收缩城市。

表 3 - 13　　　　东北地区边缘型收缩城市人口性别结构特征　　　　单位: %

县市	男性占总人口比重			女性占总人口比重			性别比		
	2000 年	2010 年	增长率	2000 年	2010 年	增长率	2000 年	2010 年	增长率
赤峰市	51.40	51.48	0.15	48.60	48.52	- 0.15	105.78	106.10	0.30
赤峰市辖区	51.09	51.29	0.39	48.91	48.71	- 0.40	104.46	105.29	0.79
阿鲁科尔沁旗	51.02	52.00	1.92	48.98	48.00	- 2.00	104.17	108.34	4.00
巴林左旗	51.02	50.58	- 0.87	48.98	49.42	0.90	104.16	102.34	- 1.75
巴林右旗	50.94	51.94	1.97	49.06	48.06	- 2.05	103.83	108.09	4.10
林西县	50.96	50.24	- 1.43	49.04	49.76	1.48	103.93	100.95	- 2.87
克什克腾旗	51.53	54.60	5.97	48.47	45.40	- 6.35	106.30	120.28	13.15

续表

县市	男性占总人口比重			女性占总人口比重			性别比		
	2000 年	2010 年	增长率	2000 年	2010 年	增长率	2000 年	2010 年	增长率
翁牛特旗	51.44	51.23	-0.41	48.56	48.77	0.44	105.94	105.05	-0.84
喀喇沁旗	52.10	51.45	-1.25	47.90	48.55	1.36	108.75	105.95	-2.57
宁城县	51.98	51.66	-0.62	48.02	48.34	0.67	108.26	106.88	-1.27
敖汉旗	51.65	51.35	-0.58	48.35	48.65	0.62	106.84	105.57	-1.19
呼伦贝尔市	51.50	51.46	-0.09	48.50	48.54	0.09	106.21	106.02	-0.18
呼伦贝尔市辖区	50.67	50.98	0.61	49.33	49.02	-0.62	102.72	103.99	1.24
满洲里市	51.27	51.41	0.28	48.73	48.59	-0.30	105.21	105.82	0.58
扎兰屯市	51.81	51.46	-0.67	48.19	48.54	0.72	107.50	106.01	-1.39
牙克石市	51.12	50.83	-0.57	48.88	49.17	0.60	104.59	103.36	-1.18
根河市	51.15	52.10	1.86	48.85	47.90	-1.94	104.73	108.79	3.88
额尔古纳市	51.72	52.64	1.77	48.28	47.36	-1.90	107.12	111.14	3.75
阿荣旗	51.70	52.22	1.02	48.30	47.78	-1.09	107.02	109.31	2.14
莫力达瓦达斡尔族自治旗	52.19	54.59	4.59	47.81	45.41	-5.01	109.17	120.19	10.09
鄂伦春自治旗	51.57	51.65	0.16	48.43	48.35	-0.17	106.48	106.83	0.33
鄂温克族自治旗	51.35	52.02	1.31	48.65	47.98	-1.39	105.54	108.43	2.74
新巴尔虎右旗	51.89	51.21	-1.31	48.11	48.79	1.41	107.87	104.97	-2.69
新巴尔虎左旗	51.91	51.03	-1.68	48.09	48.97	1.82	107.93	104.22	-3.44
陈巴尔虎旗	52.13	50.56	-3.00	47.87	49.44	3.27	108.89	102.28	-6.07
抚顺市	50.78	50.55	-0.47	49.22	49.45	0.48	103.19	102.21	-0.95
抚顺市辖区	50.37	50.29	-0.16	49.63	49.71	0.16	101.50	101.17	-0.32
抚顺县	51.77	51.62	-0.29	48.23	48.38	0.31	107.32	106.69	-0.59
新宾满族自治县	51.45	50.88	-1.11	48.55	49.12	1.18	105.98	103.58	-2.26

续表

县市	男性占总人口比重			女性占总人口比重			性别比		
	2000 年	2010 年	增长率	2000 年	2010 年	增长率	2000 年	2010 年	增长率
清原满族自治县	51.36	50.92	-0.84	48.64	49.08	0.89	105.58	103.77	-1.71
阜新市	50.50	50.22	-0.56	49.50	49.78	0.57	102.01	100.87	-1.12
阜新市辖区	49.95	49.61	-0.67	50.05	50.39	0.67	99.80	98.46	-1.34
阜新蒙古族自治县	50.92	50.78	-0.28	49.08	49.22	0.29	103.73	103.15	-0.56
彰武县	50.84	50.51	-0.65	49.16	49.49	0.67	103.41	102.05	-1.32

资料来源：笔者整理所得。

3.3.3.4　流动人口结构特征

从表 3-14 中可以看出，从全市范围来看，除抚顺外其余边缘型收缩城市在 2000 年就出现了流动人口数量为负的情况，到 2010 年抚顺的流动人口数量也为负；2000~2010 年间，所有边缘型收缩城市的流动人口流失的情况不断加重，表现最为显著的是抚顺，其降幅达到 2146.54%；赤峰市辖区、呼伦贝尔市辖区流动人口数量分别上升 121.28%、104.74%，抚顺市辖区、阜新市辖区的流动人口数量分别下降 25.84%、51.12%；2000 年仅有 23.08% 的市辖县流动人口数量为正，到 2010 年，除莫力达瓦达斡尔族自治旗和鄂伦春自治旗外，所有市辖县的流动人口数量均为负，2000~2010 年间边缘型收缩城市市辖县人口净流出程度不断加重。就全市范围而言，除呼伦贝尔和抚顺市的城市人口数量出现负增长外赤峰市和阜新市的人口数量均有所增长，其中赤峰市的增幅最大，达到 49.86%；研究时段内，抚顺市辖区城市人口数量增长率为 -3.02%，其余边缘型收缩城市市辖区的城市人口数量均有所增长，其中增幅最大的是赤峰市辖区，达到 30.34%；38.46% 的市辖县城市人口数量增长率为负，其中下降幅度最大的是呼伦贝尔市辖的阿荣旗，达到 77.69%。从全市范围来看，所有边缘型收缩城市的农村人口数量增长率均为负，即农村人口数量减少，其中下降幅度最大的是赤峰，达到 21.24%；赤峰市辖区、阜新市辖区的农村人口数量分别下降了 6.55%、65.26%，呼伦贝尔市辖区、抚顺市辖区是农村人口数量分别上升了 103.88%、50.46%；80.77% 市辖县农村人口数量出现负增长，其中呼伦贝尔市辖鄂伦春自治旗农村人口数量下降幅度最大，达到 99.01%。

表 3 - 14　　　　　　东北地区边缘型收缩城市流动人口结构特征

县市	流动人口数量			城市人口数量			农村人口数量		
	2000 年（人）	2010 年（人）	增长率（%）	2000 年（人）	2010 年（人）	增长率（%）	2000 年（人）	2010 年（人）	增长率（%）
赤峰市	-147060	-242391	64.82	1192381	1786902	49.86	3243356	2554343	-21.24
赤峰市辖区	52212	115536	121.28	692267	902285	30.34	461456	431241	-6.55
阿鲁科尔沁旗	-9751	-29427	201.78	51274	79430	54.91	245816	192775	-21.58
巴林左旗	-32065	-27722	-13.54	53931	90259	67.36	278619	237506	-14.76
巴林右旗	-6307	-9768	54.88	52940	84779	60.14	121335	90764	-25.20
林西县	-32902	-36457	10.80	61762	99301	60.78	174185	101318	-41.83
克什克腾旗	-18251	-41741	128.71	43519	78295	79.91	199438	132860	-33.38
翁牛特旗	-29590	-51836	75.18	54560	123532	126.41	409651	309766	-24.38
喀喇沁旗	-12430	-50635	307.36	35399	92372	160.95	327059	200874	-38.58
宁城县	-25402	-58393	129.88	85688	117976	37.68	505996	428869	-15.24
敖汉旗	-32574	-51948	59.48	61041	118673	94.42	519801	428370	-17.59
呼伦贝尔市	-9138	-168997	1749.39	1750292	1722795	-1.57	936936	826457	-11.79
呼伦贝尔市辖区	33738	69075	104.74	253576	327384	29.11	8608	17550	103.88
满洲里市	32883	-49331	-250.02	181112	83098	-54.12	—	195646	—
扎兰屯市	-33725	-62416	85.07	162239	72821	-55.11	246812	204091	-17.31
牙克石市	-10711	-61024	469.73	386434	151156	-60.88	19372	72596	274.75
根河市	-18730	-10172	-45.69	156839	109665	-30.08	498	25314	4983.13
额尔古纳市	1607	-808	-150.28	73191	38194	-47.82	14638	20050	36.97
阿荣旗	-28812	-1087	-96.23	88217	19681	-77.69	215993	20577	-90.47
莫力达瓦达斡尔族自治旗	-477	3528	-839.62	63045	22338	-64.57	231456	14018	-93.94
鄂伦春自治旗	-2021	80110	-4063.88	185950	248420	33.60	106147	1052	-99.01
鄂温克族自治旗	12027	-22024	-283.12	123205	338275	174.56	23603	13898	-41.12

续表

县市	流动人口数量			城市人口数量			农村人口数量		
	2000 年（人）	2010 年（人）	增长率（%）	2000 年（人）	2010 年（人）	增长率（%）	2000 年（人）	2010 年（人）	增长率（%）
新巴尔虎右旗	382	-58567	-15431.68	16325	167493	925.99	20439	198830	872.80
新巴尔虎左旗	-725	-8476	1069.1	18117	55076	204.00	23530	21591	-8.24
陈巴尔虎旗	5426	-47805	-981.04	42042	89194	112.15	25840	21244	-17.79
抚顺市	4029	-82455	-2146.54	1616393	1531774	-5.24	643897	606316	-5.84
抚顺市辖区	46986	34844	-25.84	1359873	1318808	-3.02	74574	112206	50.46
抚顺县	2713	-21934	-908.48	37306	14188	-61.97	185991	148400	-20.21
新宾满族自治县	-21528	-49566	130.24	96941	84352	-12.99	187763	169766	-9.58
清原满族自治县	-24142	-45799	89.71	122273	114426	-6.42	195569	175944	-10.03
阜新市	-12027	-100671	737.04	840048	954714	13.65	1049726	864625	-17.63
阜新市辖区	14545	7109	-51.12	669355	750283	12.09	116206	40373	-65.26
阜新蒙古族自治县	-14851	-60087	304.6	102014	117183	14.87	612230	547788	-10.53
彰武县	-11721	-47693	306.9	68679	87248	27.04	321290	276464	-13.95

资料来源：笔者整理所得。

3.4　本章小结

　　本章主要对东北地区城市收缩的空间结构和特征展开全方位分析，通过对 2000～2010 年间东北地区城市人口增长率的测算，发现 41 座地级及以上城市中有 13 座出现收缩现象，约占城市总量的 31.71%；28 座处于非收缩状态，约占 68.29%。人口增长速度呈现出由哈大经济带一线向两侧递减的趋势。人口增长率为负的地区，即出现收缩的市域主要集中于东北地区的边缘地带；处于东北腹地以及哈大经济带沿线地区的市域尚未出现收缩现象；65 个市辖区出现收缩，约占市辖区总数量的 62.50%；124 个市辖县出现收缩，约占总数的 51.10%；收缩的市辖区、县呈连绵化分布于东北地区的边缘地区；在东北地区腹地，收缩的市辖区、县呈块状、斑点状分布，围绕着哈大经济带的主要城市，即大连、沈阳、长春、哈尔滨的市辖区周边分布有收缩的市辖县，表明城市中心区域对于周边人口有吸引作用，存在虹吸效应。通过东北地区不同城市内部收缩情况的界定，将收缩城市分为全域型收缩、中心型收缩、边缘型收缩三种类型，其中全域型收缩城市有 4 座，占收缩城市总量的 30.77%，且均为资源枯竭型城市；中心型收缩城市有 5 座，占收缩城市总量的 38.46%，形成市辖区人口收缩与部分市辖县人口非收缩并存的局面，出现了城市中心区域衰落而郊区崛起的现象；边缘型收缩城市有 4 座，表现为市辖县收缩而市辖区非收缩。在此基础上全面分析了不同类型收缩城市的人口年龄结构特征、人口社会结构特征、人口性别结构特征、流动人口结构特征，结果显示：总体来看，东北地区收缩城市的人口年龄结构趋于"倒三角形"特征，即老龄人口不断增加，而青少年人口不断减少；高学历人口占总人口比不断增加，但第二产业人口流失严重；2000～2010 年间，大部分收缩城市男性流失速度加快，性别比不断减小；人口流失情况严重，大部分收缩城市在 2000 年就出现了流动人口为负的情况。

第4章 东北地区城市收缩的作用机理分析

新时代背景下，城市收缩问题已成为各界研究的新命题。东北地区城市收缩并非某一单方面的因素引发所产生的经济社会后果，而是多种因素综合作用的结果，作用方向和力度如何需要有一个基本的认识。为此，在明确东北地区城市收缩的空间格局及特征类型的基础上，本章试图进一步分析东北地区城市收缩的形成机制及作用机理，挖掘城市收缩现象发生的背后成因，对于未来城市经济发展和指导城市规划具有实践参考价值。

4.1 东北地区城市收缩作用机理的理论分析

东北地区城市收缩会受到诸多因素的影响，理性分析这些因素的作用方向和作用程度对于未来规避东北地区城市的非正常收缩具有重要的意义，也有助于实现东北地区城市非正常收缩向精明收缩的转变。社会抚养负担作为衡量人口老龄化程度的重要指标，受到全社会的广泛关注。一个城市的人口老龄化程度越高，也就意味着老年人口所占比重越高，劳动年龄人口相对比重下降，人口结构存在断层，社会抚养负担也随之加重。在这种情况下，劳动年龄人口由于承担的养老压力过大，将会被动降低用于消费、投资等的其他系列性支出，严重阻碍城市经济发展，使得就业压力进一步加大，在养老与就业的双重压力之下，人口流失情况也将随之加重。人口受教育程度是形成人力资本的重要途径，在互联网高速发展的今天，信息获取的渠道越来越广阔；受教育程度越高，越有能力在经济较发达地区或城市获得更多更理想的就业机会，为了个人前途和子女教育，也因此越倾向于流入经济发达地区，导致城市收缩现象的发生。城市环境情况可以利用人均绿地面积的具体数据衡量，理论层面而言，人均绿地面积的增加，意味着城市环境的改善，但是东北地区人均绿地面积提升的一个重要原因，是由于人口基数减少而使人均占有量增加，总量的城市绿地面积增加并不多；同时，绿地面积是与东北地区的林地面积联系在一起的，近些年由于林业衰落，原从事林业的职工大量外流，伊春就是典型案例，使得城市绿地增多环境改善而吸引的人口流入不足以抵补因林业衰落而流出的人口数，反而出现人均绿地增加而人口外流的现象。而且东北地区作为我国典型的老工业基地，所辖城市大部分为资源型城市，其经济发展对资源的依赖程度较高，并且长期存在以资源和环境换取经济发展的现象，高新技术产业、服务业发展明显不足，也因此难以为优质劳动力、高技术人才提供合适的工作机会，导致这部分劳动年龄人口向外流失。对外开放程度是一个城市与外界沟通、交流、置换资源水平的体现，基于东北地区产业结构不合理、对资源的依赖程度过高、就业机会少、工作前景差的现实背景，其对外开放水平的提高，也会为劳动年龄人口向经济更发达地区转移提供更为便利的条件和更多机会。由于体制机制的滞后性和僵化以及诸多结构性矛盾的持续凸显，外加国有经济的一股独大，导致民间投资较为薄弱，老工业基地企业设备和技术不断老化，生产效率逐步降低，产业竞争力下降，经济发展步伐相对缓慢，引发就业环境差薪资待遇低的现实，本地居民往往期望到经济环境好一些的地区。这种期望在东北市场发育不高水平的情况下与开放度的程度是成正比的，即对外开放程度越高，越助长了人们到外地看一看的期望。

　　城市化水平作为城市人口占总人口的一种理论指标，对城市收缩也产生着重要影响。城市化水平的提高对于促进第二、第三产业发展以及强化产业结构合理化、推动农村剩余劳动力向城市转移、提高居民收入水平和缩小城乡差距均具有重要意义。城市化水平的提高不仅意味着会有更多的农村剩余劳动力转入城市，减轻城市收缩现象，同时随着城市化水平的提高，城市产业结构也将日渐趋于合理化，尤其是服务业和高新技术产业将得到快速发展，以此为劳动年龄人口提供更多更优质的就业机会，有利于吸引人口流入，弱化了城市收缩的程度。人力资本是指劳动者通过教育、培训等投资获得的知识和技能的积累。人力资本水平的提高，将有利于企业绩效的提高和企业自身的升级或转型，间接提高居民收入水平、推动城市经济健康发展，进而促进城市产业结构的优化升级，就业岗位不断扩容，就业机会增加，形成以人力资本为起始点的良性循环，吸引劳动年龄人口流入该城市，减轻了城市收缩的重要程度。产业结构高级化程度是指一个城市的经济重心由第一产业向第二、第三产业转移的水平和程度,对城市经济发展具有重要意义。产业结构高级化程度的提高意味着服务业和高新技术产业得到了有效发展,传统的第一产业发展比重将会持续降低,产业结构逐步优化,将会对城市经济高质量发展产生正向推动作用,也有利于提高城市活力和持续发展能力,对高质量人才的需求和吸引力也随之提高,有利于缓解人口流出和城市收缩现象。

劳动力价格具体表现为劳动力的工资水平,劳动力价格的提升是在经济发展质量提高、城市产业结构优化、就业机会增加和岗位质量提升的基础上实现的。同时,工资水平是影响劳动年龄人口就业选择的重要因素之一。一个城市工资水平的提高,对劳动年龄人口的吸引力相对越强,向该城市集聚的人口会增加,因此将有利于吸引人口流入,减轻城市收缩的程度。城市的社会投资水平是影响城市经济发展的重要因素之一。固定资产投资的稳定增长、投资质量和结构的优化,不仅会对城市经济增长产生巨大的拉动作用,强化投资的经济增长效应,同时,也将提高城市生产能力,有利于城市基础设施建设的完善和优化,改善城市生活环境,全方位全链条提高城市居民生活质量,降低居民的生活成本,增强城市对人口的吸引力,使得迁入人口能够站得稳、留得住,以此减缓人口流出现象。政府财政负担代表了城市政府对经济的参与和干预程度。对于东北地区而言,政府财政支出在很大一部分程度上用于引导城市经济健康发展以及提供公共物品和服务水平层面。因此,城市财政负担水平的提高在一定程度上将有利于提高经济发展水平、优化产业结构、引导城市经济社会健康发展,也有利于公共服务质量的提升、城市社会环境的和谐安定、就业岗位的增加,这成为吸引外来人口大量的比较优势,可以在一定程度上提高人口吸引力,减轻城市的人口外流。

4.2　变量选择与说明

本研究分别选取收缩程度、收缩类型为被解释变量,其中收缩程度利用"五普""六普"数据计算出的 2000～2010 年间人口增长率来进行衡量。市辖区作为城市的中心区域,其人口变化对城市活力影响最大;而市辖县等城市周边区域对于城市的活力影响较小,因此根据第 3 章所述的全域收缩型、中心收缩型、边缘收缩型三种不同模式的收缩城市的内部收缩特征，本研究将其分别赋值为 1、2、3，即假设全域收缩型城市收缩程度高于中心收缩型城市，且中心型城市收缩程度高于边缘型收缩城市。在参考现有研究成果的基础上（蔡昉，2009；李明秋等，2010；王颖等，2010；孟德友等，2014；龙瀛等，2015；吴康等，2015；李郇等，2015；赵家辉等，2017；杨成钢等，2017），本研究选取"社会抚养负担""城市化水平""劳动力素质""人力资本""产业结构高级化程度""劳动力数量""基础设施水平""城市环境""劳动力价格""城市经济增长水平""社会投资水平""对外开放程度""政府财政负担"作为解释变量，分别用"人口抚养系数增长率""人口城市化率""受教育年限增长率""大学本科以上人口增长率""第二、第三产业人口占行业人口比增长率""劳动年龄人口占比增长率""人均道路面积""人均绿地面积""职工平均工资""人均地区生产总值""固定资产投资总额""实际外资使用金额""财政支出/财政收入"来衡量，具体如表 4 - 1 所示。

表 4 - 1　　　　　　　　　　东北地区城市收缩的作用机理

目标层	准则层	符号	指标	单位
自变量	收缩程度	$Shrink1$	总人口增长率	%
	内部收缩程度	$Shrink2$	1 为全域收缩型；2 为中心收缩型；3 为边缘收缩型	—
影响因素	社会抚养负担	Dc	人口抚养系数增长率	%
	城市化水平	Up	人口城市化率	%
	劳动力素质	St	受教育年限增长率	%
	人力资本	Edu	大学本科以上人口增长率	%
	产业结构高级化程度	Ind	第二、第三产业人口占行业人口比的增长率	%
	劳动力数量	Lab	劳动年龄人口占比增长率	%
	基础设施水平	Roa	人均道路面积	平方米
	城市环境	Gre	人均绿地面积	平方米
	劳动力价格	Sal	职工平均工资	元
	城市经济增长水平	Gdp	人均地区生产总值	元
	社会投资水平	Inv	全社会固定资产投资总额	万元
	对外开放程度	Fdi	实际外资使用金额	万美元
	政府财政负担	Fin	财政支出/财政收入	%

本研究所采用的数据均来源于 2001～2011 年《中国城市统计年鉴》、各省区市的统计年鉴、2000 年及 2010 年人口普查数据公报、中国城市数据库以及中国城乡建设数据库。部分数据经过简单计算获取。

人口抚养系数直观地显示出一国或地区的人口结构水平，当一国或地区劳动年龄人口比重较高时，社会抚养负担就相对较小，这种橄榄形人口结构对于经济发展与社会生产非常有利（孙爱军等，2014），因此本研究选取人口抚养系数增长率来衡量城市社会抚养负担，既具有代表性意义，又具有可操作性价值。随着经济增长水平的提升和改革开放的深入，劳动力市场发育程度不断提高，中国的城乡劳动力市场分割状态使农业劳动力流动成为经济增长的重要动力，农村剩余劳动力大幅度减少（蔡昉，2007），由农村向城市转移的劳动力可以被视为潜在劳动力，其数量是以人口城市化率来衡量的，人口城市化率越高则农村可向城市转移的劳动力越少，潜在劳动力数量也越少，因此本研究选取人口城市化率来衡量城市化水平。教育年限与教育基尼系数具有明显的负相关关系，延长人们受教育的年限可以改善教育公平状况，提升人们文化素质水平（张菀洺，2013），故此受教育年限可以衡量地区人口素质的提升，本研究选取受教育年限增长率来衡量劳动力素质，符合劳动力素质本质内涵的体现。

人力资本对我国经济的正向促进作用已经在现有研究中得到了证实，随着人口红利窗口的逐步关闭，提高人力资本水平进而转变发展方式对于经济发展具有重要意义，本研究选取大学本科以上人口增长率来衡量城市人力资本水平。优化的城市产业结构有助于提升城市的竞争力，相对于第一产业，第二、第三产业发展对于城市发展的驱动更为强劲，故此，本研究选取第二、第三产业人口占行业人口比的增长率来衡量城市产业结构的高级化程度。劳动力数量维持在一定规模是城市进行良好运转的基础，劳动年龄人口占比增长率不仅可以反映过去城市劳动力是否充足，也可以反映未来城市劳动力规模维持的可能性，本研究选取劳动年龄人口占比增长率来衡量城市劳动力数量。基础设施水平关系到城市居民的生活便利程度以及产业发展的基本条件是否具备，完善的基础设施不仅可以提高城市宜居水平还可以吸引投资进入，拉动城市经济社会发展，本研究选取人均道路面积来衡量城市基础设施水平。城市绿化率可以直接地反映在城市景观建设上，绿地面积是其中重要的标准，本研究选取人均绿地面积来衡量城市环境水平，这既符合五位一体建设的要求，也能够从侧面反映出城市生态的建设意义，属于城市环境的典型代表性指标。较高的工资水平是人口迁移的重要动力之一，城市规模的工资溢价存在以及农民工从大城市获得更高的真实实际工资吸引着人口向大城市集聚（王建国等，2015；吴波等，2017），本研究选取职工平均工资来衡量劳动力价格。一般情况下，人均地区生产总值可以反映出人口与经济总量的比例关系，在不考虑统计口径造成误差的情况下，人均地区生产总值越高，地区经济越发达，人们生活水平越富裕，本研究选取人均地区生产总值来衡量城市经济增长水平，能够从大的方向来反映出城市经济的基本情况。

固定资产投资是社会投资的重要部分，地区全社会固定资产投资总量大小可以反映地区投资水平和投资规模，本研究选取全社会固定资产投资总额来衡量社会投资水平，既能够反映出社会投资的存量，也能够印证出资本的使用去向。对外开放程度越高，城市发展与外界的联系密度和强度越紧密，就业方式和范围更为多样化，人口越有机会和倾向转移到经济发达地区，实际外资使用金额可以直接反映出城市使用外资投入的深度与广度，本研究选取实际外资使用金额来衡量城市对外开放程度，既具有理论依据，也具有实践依托。用地方财政一般预算支出与收入之比来代表政府财政负担，体现政府在城市经济发展过程中的作用力度（李涛等，2009；郭存芝等，2010）。

4.3　模型构建

4.3.1　面板回归模型

面板数据指的是在一段时间内跟踪同一组个体的数据，它既有横截面的维度又有时间维度。只观察少数几年或者少量样本的数据可能会产生变量遗漏的问题，造成误差。面板数据可以很好地解决遗漏变量问题，而且可以提供更多个体动态信息。参考有关文献（李子奈等，2000；靳庭良等，2004；吴鑑洪，2011），基本面板回归模型为：

$$y_{it} = x_{it}\beta + z_i\partial + u_i + \varepsilon_{it} \quad (i = 1, \cdots, n; \ t = 1, \cdots, T) \quad (4-1)$$

其中，z_i 为不随时间而变的个体特征（即 $z_{it} = z_i$）；x_{it} 随个体及时间而变化；扰动项由（$u_i + \varepsilon_{it}$）两部分构成，其中 u_i 是代表个体异质性的截距项，ε_{it} 为随个体及时间变化的扰动项，假设 $\{\varepsilon_{it}\}$ 为独立同分布且与 u_i 不相关，倘若 u_i 与某个解释变量相关，则该模型称为固定效应模型；倘

若 u_i 与所有解释变量都不相关，则该模型称为随机效应模型。这里需要注意的是，模型的选择并不是随心所欲的，而应当有着严格的前提条件：通过 Hausman 检验（Hausman，1978）能够准确判断出是否拒绝随机效应模型；通过标准 F 检验、BP 检验（Breusch & Pagan，1980）能够甄别出应该采用混合效应还是固定效应。

本研究试图考察不同经济社会因素对城市收缩这一现象的作用方向及作用力度，因此在基本面板模型的基础上，选取人口增长率作为被解释变量，选取社会抚养负担、城市化水平、劳动力素质、人力资本、产业结构高级化程度、劳动力数量、基础设施水平、城市环境、劳动力价格、城市经济增长水平、社会投资水平、对外开放程度、政府财政负担作为解释变量。在此基础上，具体的回归模型为：

$$Shrink1 = \partial_{it} + \beta_{1t}Dc_t + \beta_{2t}Up_t + \beta_{3t}St_t + \beta_{4t}Edu_t + \beta_{5t}Ind_t + \beta_{6t}Lab_t + \beta_{7t}Roa_t$$
$$+ \beta_{8t}Gre_t + \beta_{9t}Sal_t + \beta_{10t}Gdp_t + \beta_{11t}Inv_t + \beta_{12t}Fdi_t + \beta_{13t}Fin_t + \varepsilon_{it}$$

$$(4-2)$$

4.3.2　排序模型

对于有着天然排序的离散数据，需要利用潜变量来推导出 MLE 估计量。假设 $y^* = x\beta + \varepsilon$（$y^*$ 不可观测），而选择规则为：

$$y = \begin{cases} 0, & y^* \leq r_0 \\ 1, & r_0 < y^* \leq r_1 \\ 2, & r_1 < y^* \leq r_2 \\ J, & r_{J-1} \leq y^* \end{cases} \quad (4-3)$$

其中，$r_0 < r_1 < \cdots < r_{J-1}$ 为待估参数，称为切点。假设 $\varepsilon \sim N(0，1)$，则：

$$P(y=0|x) = P(y^* \leq r_0|x) = \Phi(r_0 - x\beta)$$
$$P(y=1|x) = P(r_0 < y^* \leq r_1|x) = \Phi(r_1 - x\beta) - \Phi(r_0 - x\beta) \quad (4-4)$$
……
$$P(y=J|x) = 1 - \Phi(r_{J-1} - x\beta)$$

由此可得出样本似然函数，并得到 MLE 估计量。虽然在 Ordered Probit 以及 Ordered Logit 回归中，系数并不存在精确的定量意义，但系数的符号和显著性仍旧能够用以判断变量的影响方向以及影响程度。

为了探索不同经济社会因素对全域型收缩、中心型收缩、边缘型收缩三种城市收缩模式的影响，本研究将以上三种城市内部收缩程度分别赋值为1、2、3。由于被解释变量为离散变量且有天然的排序，不适用 OLS 回

归, 因此本研究利用排序模型对其进行分析, 具体模型设定为:

$$Shrink2 = \partial_{it} + \beta_{1t}Dc_t + \beta_{2t}Up_t + \beta_{3t}St_t + \beta_{4t}Edu_t + \beta_{5t}Ind_t + \beta_{6t}Lab_t + \beta_{7t}Roa_t$$
$$+ \beta_{8t}Gre_t + \beta_{9t}Sal_t + \beta_{10t}Gdp_t + \beta_{11t}Inv_t + \beta_{12t}Fdi_t + \beta_{13t}Fin_t + \varepsilon_{it}$$

$$(4-5)$$

$$Shrink2 = \begin{cases} 1, & 市辖区人口增长率 <0 \text{ 且市辖县人口增长} <0 \\ 2, & 市辖区人口增长率 <0 \text{ 且部分市辖县人口增长} >0 \\ 3, & 市辖区人口增长率 >0 \text{ 且部分市辖县人口增长} <0 \end{cases}$$

$$(4-6)$$

4.4 实 证 分 析

4.4.1 变量的描述性统计

表 4 - 2 是对本研究所涉及变量的描述性统计, 从该表可以得知, 2000 ~ 2010 年东北地区的 13 个收缩城市, 观测值为 143; 总体来看, 所选指标的标准误整体较小, 特别是主变量城市收缩, 其标准差为 0.02, 表明样本统计量和总体参数的值比较接近; 其他指标的标准差基本都维持在合理的区间范围内, 表明样本对总体具有代表性, 用样本统计量推断得出的总体参数可靠性越大。具体的描述性分析, 此处不再进行赘述。

表 4 - 2   **变量描述性统计**

变量	符号	观测值	均值	标准差	最小值	最大值
收缩程度	$Shrink1$	143	-0.04	0.02	-0.08	-0.01
社会抚养负担	Dc	143	-0.19	0.03	-0.27	-0.14
城市化水平	Up	143	0.08	0.15	-0.07	0.53
劳动力素质	St	143	0.13	0.02	0.10	0.17
人力资本	Edu	143	1.75	0.66	0.47	3.13
产业结构高级化程度	Ind	143	0.09	0.11	-0.06	0.30
劳动力数量	Lab	143	0.05	0.01	0.03	0.07
基础设施水平	Roa	143	6.83	2.78	2.92	17.99
城市环境	Gre	143	8.38	5.07	1.06	22.28

续表

变量	符号	观测值	均值	标准差	最小值	最大值
劳动力价格	Sal	143	9.47	0.51	8.44	10.47
城市经济增长水平	Gdp	143	9.27	0.63	7.71	10.64
社会投资水平	Inv	143	13.84	1.18	11.68	16.58
对外开放程度	Fdi	143	7.72	1.48	2.48	10.70
政府财政负担	Fin	143	0.31	0.10	0.11	0.57

4.4.2 实证结果展示与分析

通过 Stata 14.0 专门处理面板回归模型以及排序模型的命令，对上述数据进行回归分析，结果如表 4 - 3 所示。

表 4 - 3 　　　　　　　　东北地区城市收缩作用机理的实证结果

样本变量	模型 Ⅰ	模型 Ⅱ	模型 Ⅲ
	$Shrink1$	$Shrink2$	$Shrink2$
Dc	- 3.776 ***	- 639.4 ***	- 370.2 ***
	(- 0.278)	(- 117.60)	(- 64.78)
Up	0.199 ***	103.1 ***	59.54 ***
	(- 0.0126)	(- 16.77)	(- 9.095)
St	- 0.627 ***	49.67	32.51
	(- 0.156)	(- 52.8)	(- 30.42)
Edu	0.0486 ***	5.053 ***	2.842 ***
	(- 0.00383)	(- 1.413)	(- 0.798)
Ind	0.0680 ***	7.408	4.036
	(- 0.0193)	(- 5.964)	(- 3.468)
Lab	- 15.43 ***	- 2.203 ***	- 1.274 ***
	(- 0.970)	(- 406)	(- 223.4)
Roa	- 0.000237	0.132	0.087
	(- 0.000538)	(- 0.17)	(- 0.0978)
Gre	- 0.000492 **	0.217 **	0.112 **
	(- 0.000233)	(- 0.0861)	(- 0.0467)

续表

样本变量	模型 I	模型 II	模型 III
	Shrink1	Shrink2	Shrink2
Sal	0.0190 ***	− 3.308 **	− 1.775 **
	(− 0.00406)	(− 1.678)	(− 0.871)
Gdp	− 0.0513 ***	5.076 ***	2.859 ***
	(− 0.00317)	(− 1.654)	(− 0.921)
Inv	0.0229 ***	− 2.536 ***	− 1.464 ***
	(− 0.00236)	(− 0.801)	(− 0.46)
Fdi	− 0.00170 *	0.614 **	0.335 **
	(− 0.000897)	(− 0.301)	(− 0.167)
Fin	0.0298 **	13.87 ***	7.987 ***
	(− 0.014)	(− 4.95)	(− 2.775)
Constant	− 0.0108		
	(− 0.0225)		
Constant（cut1）		21.27 ***	13.16 ***
		(− 8.123)	(− 4.555)
Constant（cut2）		25.87 ***	15.79 ***
		(− 8.289)	(− 4.66)
Observations	143	143	143
Number of city	13	13	13
R^2/Pseudo R^2	0.874	0.526	0.529

说明：括号里为标准差；*** $p < 0.01$，** $p < 0.05$，* $p < 0.1$。东北地区包括了黑吉辽三省及内蒙古自治区的部分区域，其区域范围内共有 41 座地级以上城市，回归模型涉及的是其中 13 座 2000 ~ 2010 年间人口增长率为负的城市（收缩城市）。

4.4.2.1　面板混合回归结果分析

通过 F 检验、BP 检验发现，面板随机效应模型以及面板固定效应模型回归结果的 p 值均过大，说明不适用于面板随机效应模型、面板固定效应模型，因此本研究采用面板混合回归模型，其具体回归结果如表 4 − 3 所示。模型 I 是 2000 ~ 2010 年间东北地区城市收缩程度的面板混合回归结果。根据模型 I 可知，对于 2000 ~ 2010 年间东北地区收缩城市的人口负增长率，即城市收缩程度而言，社会抚养负担、劳动力素质、劳动力数量、城市环境、城市经济增长水平、对外开放程度等经济社会因素对其具有负向的阻碍作用，且均通过了1%、5%、10%的显著性检验，作用系数分别为-3.776、-0.627、-15.43、-0.000492、-0.0513、-0.0017，意味着东北地区收缩城市的社会抚养负担、劳动力素质、劳动力数量、城市环境、城市经济增长水平、对外开放程度每上升1个百分点，其收缩程度就会分别加重3.776个、0.627个、15.43个、0.000492个、0.0513个、0.0017个百分点。

　　人口抚养系数直观地显示出一国或地区的人口结构水平，当一国或地区劳动年龄人口比重较高时，这种人口年龄结构对于经济发展与社会生产非常有利（张新起等，2012）；而人口抚养系数越大，社会抚养负担越重，对城市经济发展则越不利。由于长期的"一胎"政策，目前东北地区的总和生育率基本与上海、北京持平，低于更替水平，陷入"低生育陷阱"，劳动年龄人口不断减少（靳永爱，2014；侯力，2018）。在这种情况下，随着社会的发展，人口寿命不断延长，低生育率与较高的人口寿命水平并存，这将导致城市老年人口数量不断增长的同时少年人口数量不断减少，人口年龄的断层造成劳动年龄人口数量下降，人口抚养比不断增加。一方面东北地区劳动人口自然增长不足、劳动人口流失严重，造成城市消费力不足、劳动力缺乏，从而导致城市经济发展受限，引起城市活力下降（戚伟，2017）；另一方面"未富先老"导致的养老压力将压缩用于投资和消费的支出，投资消费动力不足也会影响城市发展，导致经济增速放缓（蔡昉等，2006）。在这两种压力下城市经济社会发展动力不足，就业机会减少和商业发展受限将会进一步加速人口外流速度，形成城市收缩程度不断加深的恶性循环。根据第六次人口普查相关数据，迁移人口年龄阶段集中在15～49岁，60岁以上逐渐丧失劳动能力的老年人口群体迁移不明显（刘晏伶等，2014），实证证明劳动年龄人口占比对东北地区经济发展有正向影响，其大量流出对城市经济有着极大的负面影响（杨玲等，2016），对于收缩城市而言，劳动年龄人口的流出加重了其收缩程度。人口教育程度的提升意味着劳动力素质的提高，已有研究证实迁移距离与受教育程度呈正相关，受教育程度越高的人群所能承担的迁移成本越大（Sjaasta，1962；Schwartz，1973），随着东北地区劳动力素质的提高，在收缩城市本身经济活力不足的情况下，越来越多的劳动人口选择迁往南方，出现"孔雀东南飞"现象（谢童伟等，2011，2012）。人均地区生产总值可以反映出地方经济增长状况，但不能反映出经济增长质量水平，对于东北地区城市而言，其经济增长高度依赖资源和传统重工业，仍处于粗放型发展阶段，人均地区生产总值的增加也是建立在资源大量消耗的基础之上，不利于经济的可持续发展（杨东亮等，2015），产业升级滞后以及环境恶化反而会加剧人口流失速度，加重城市收缩程度。人均绿地面积的增加，意味着城市环境的改善；但放在东北地区人口净流出的大背景下，人均绿地面积的提升一方面是由于人口基数的减少，另一方面是由于东北地区是我国重要的林业基地，森林面积大但城市基础设施较差，随着林业衰落，城市人口大量外流，伊春就是典型案例（臧淑英等，2006）。对外开放程度越高，城市发展与外界的联系密度和强度越紧密，就业方式和范围更为多样化，人口越有机会和倾向转移到经济发达地区。在东北地区体制机制僵化、经济增长疲软、产业结构单一化的大环境下，越来越多的人口将会流向经济发达地区，或是就业机会多的城市，这就会造成东北地区收缩城市的人口进一步流失。

从表 4 - 3 中的模型 I 可知，对于 2000 ~ 2010 年间东北地区收缩城市的人口流失速度，即城市收缩程度而言，城市化水平、人力资本、产业结构高级化程度、劳动力价格、社会投资水平、政府财政负担等经济社会因素对其具有正向的促进作用，且分别通过了 1%、5% 的显著性检验，作用系数分别为 0.199、0.0486、0.068、0.19、0.0229、0.0298，意味着东北地区收缩城市的城市化水平、人力资本、产业结构高级化程度、劳动力价格、社会投资水平、政府财政负担每上升 1 个百分点，其收缩程度就会分别减轻 0.199 个、0.0486 个、0.068 个、0.19 个、0.0229 个、0.0298 个百分点。

中国的城乡劳动力市场分割状态使农业劳动力流动成为经济增长的重要动力（伍山林，2016），本研究将可能由农村向城市转移的劳动力视为潜在劳动力，其数量是以人口城市化率来衡量的，人口城市化率越高则农村可向城市转移的劳动力越少，潜在劳动力数量也越少。截至 2015 年末东北地区的城市化水平已经超过 60%，高出全国平均水平，但与发达国家70% 以上的城市化水平仍有差距，意味着还有 10% 左右的东北地区农村人口可以向城市转移，潜在劳动力数量还有一定规模。对于东北地区的收缩城市而言，农村转移的劳动力是其维持人口规模的重要来源，由农村向城市转移的劳动力可以在一定程度上增加城市的人口数量，进而缓解城市收缩程度。人力资本对我国经济的正向促进作用已经在现有研究中得到了证实（代谦等，2006；詹新宇，2012；逯进等，2013），随着人口红利窗口的关闭，提高人力资本水平、转变发展方式对于经济发展具有重要意义。

东北地区作为我国重要的重工业基地，自2003年实施东北振兴战略以来，其创新能力及其对经济发展的带动作用都得到了明显提升（宋周莺等，2016）；人力资本水平的提升同样有利于城市经济社会的可持续发展，升级城市产业结构，增加就业机会，改善城市经济的发展环境、提升城市公共服务的供给质量，从而吸引人口留下，减轻城市收缩的程度。东北地区劳动力流动有着显著的经济因素导向特征，经济收入对于其高技能劳动力与普通劳动力都是外流的首要因素（杨雪等，2016），意味着城市劳动力价格越高，即工资收入越高，对于劳动人口的吸引力就越大，高劳动力价格可以有效地减少人口外流，减轻城市收缩程度。东北地区由于特殊的历史原因，其经济发展和振兴对政府有着较大的依赖程度（钟贤巍等，2004；彭向刚等，2007），政府财政负担越大意味着政府对经济的参与程度越高，提供了较多的公共基本服务，在东北地区特殊的经济社会条件下，有利于维持城市人口规模，减少人口外流，减轻城市收缩程度。

4.4.2.2　排序模型回归结果分析

表4－3中的模型Ⅱ、模型Ⅲ分别是Ordered Logit模型、Ordered Probit模型的回归结果，通过对比两种结果发现，Ordered Probit模型的Pseudo R^2（虚拟判定系数）明显高于Ordered Logit模型，因此本研究采用Ordered Probit模型的回归结果。在排序模型中，解释变量的系数衡量的并不是该变量对序数变量概率的边际影响，而是其对隐性变量 $Shrink2$ 的边际效应，对于后者的量度并没有太多的实际意义，因此本研究重点关注的是系数的符号，是正向影响还是负向影响，它直接反映了该变量对城市收缩模式的影响方向。具体如表4－3中的模型Ⅲ所示。

由模型Ⅲ可知，社会抚养负担、劳动力数量、劳动力价格、社会投资水平对城市内部收缩程度有负向影响，且通过了1%、5%的显著性检验，其作用系数分别为－370.2、－1.274、－1.775、－1.464，意味着社会抚养负担、劳动力数量、劳动力价格、社会投资水平的增加会导致城市内部收缩程度加深，每增加1个百分点，会使全域收缩型发生的概率分别增加370.2个、1.274个、1.775个、1.464个百分点。在现有的基本公共服务水平与城市规划下，城市中心区域拥有更好的基础设施与服务，是城市区域中生活最为便利、经济最为发达的部分，对于周边人口拥有较强的吸引力，使城市人口聚集在城市中心，拥有最高的人口密度。但是对于人口持续净流出的东北地区而言，城市人口规模的绝对减少已经影响到其公共服务的提供，由于人口密度的降低，许多基础设施已经面临荒废，在这种情

况下其城市提供的公共服务显然失去了对人口的吸引力，不论是养老需求
还是照顾幼儿、基础教育的需求都不能得到很好的满足，不能有效减轻社
会抚养负担，从而出现持续的人口外流。相比于老年人，15～64 岁的劳动
年龄人口更加具有迁移的动力与能力，同时受限于城市公共服务的衰落，
他们也往往将儿童一同带走，举家迁移。伴随着大量劳动年龄人口以及少
年儿童的外流，城市活力下降将导致从城市边缘到城市中心的逐渐衰落，
出现了从市中心到周边区域全面收缩的情况。对于已经处于收缩状态的城
市而言，过高的劳动力价格会加重企业负担，从而导致企业投资的不足，
形成恶性循环，进一步导致人口外流，加强城市内部收缩程度。基础设施
建设的回报率需要建立在一定人口规模之上，在人口流失的情况下加大市
政基础建设只会加重政府财政负担，同时加剧城市公共设施等资源的空置
浪费，城市景观衰落愈加明显；另外，过高的基础设施维护建设支出将挤
占用于投资和其他公共服务的支出，增加了城市运行的内在成本（王雅
莉，2014），不利于城市经济社会的发展，对城市内部收缩程度也起着加
深的作用。

由模型Ⅲ可知，城市化水平、人力资本、城市环境、城市经济增长水
平、对外开放程度、政府财政负担对城市内部收缩程度具有正向影响，且通
过了 1%、5% 的显著性检验，其作用系数分别为 59.54、2.842、0.112、
2.859、0.335、7.987，意味着城市化水平、人力资本、城市环境、城市
经济增长水平、对外开放程度、政府财政负担的增加会减轻城市内部收缩
程度，其每增加 1 个百分点，会分别使全域收缩发生的概率降低 59.54
个、2.842 个、0.112 个、2.859 个、0.335 个、7.987 个百分点。城市化
水平与人口向城市的集聚趋势有直接关系，周边人口向城市中心区域的聚
集会产生集聚效应，有利于从内需的角度推动城市经济发展，高质量激发
城市活力，提升发展速率，从而减轻城市内部尤其是城市中心的收缩程
度。人力资本的增加意味着高素质人才的进入和城市经济发展模式的转
变，对东北地区的收缩城市而言，创新和产业升级可以有效遏制城市全面
衰退的趋势，避免成为"锈带"城市，开辟城市新的发展道路。收缩城市
中针对闲置或废弃工业用地或者基础设施再利用的绿色基础设施建设，具
有整合城市土地资源、防止城市过度扩张、提升城市生态环境和激活市场
经济等功能，城市环境的改善同样可以吸引人口留在城市，在城市人口出
现外流的情况下，将城市周边区域的人口留在市中心，进行"精明收缩"
也有利于控制住城市全面收缩的现象。经济发展水平和对外开放程度的提

升均可以有效提高城市居民生活质量，由于城市中心的优越区位条件，其经济发展水平与对外开放程度往往高于周边区域，较高质量的城市生活也会留住部分人口，而不至于人口全面流失。

通过面板混合回归模型及 Ordered Probit 模型，本研究分别探索和分析了各种经济社会因素对城市收缩程度与城市内部收缩程度的影响，城市收缩程度主要体现的是城市整体的人口流失现象，而城市内部收缩程度反映的则是城市内部人口流失机制从更加微观的角度思考城市收缩这一现象。对比表 4-3 中的模型 Ⅰ、模型 Ⅲ 可以发现，劳动力素质、产业高级化程度对城市收缩程度有显著的正向影响，对城市内部收缩程度则无显著影响。由此可以推测，随着我国义务教育的推广程度不断加深，城市中心与周边的居民受教育差异程度在逐渐减小，但区域间差距在拉大，就东北地区收缩城市内部的人口迁移来说，并没有发现受教育程度提升的影响；同样，由于东北地区收缩城市几乎均为资源型城市，城市产业结构单一，产业结构高级化程度不会对城市内部收缩程度产生显著影响。城市环境、劳动力价格、城市经济增长水平、对外开放程度对城市收缩程度与城市内部收缩程度均产生了相反方向的影响，其中城市环境、城市经济增长水平、对外开放水平的提升会加重城市收缩程度，但会减轻城市内部收缩程度；而劳动力价格、社会投资水平的增加会减轻城市收缩程度而加重城市内部收缩程度。这种现象体现出城市内部的"二元"差异，即城市中心与城市周边区域社会经济发展有较大差距，属于"中心—外围"的典型体现。

4.5　本 章 小 结

本章通过面板混合回归模型及 Ordered Probit 模型对东北地区城市收缩的作用机理进行分析，探索不同经济社会因素对于城市收缩程度、城市内部收缩程度的影响方向及力度。通过对东北地区城市收缩程度作用机理的实证分析可以得知，社会抚养负担、劳动力素质、劳动力数量、城市环境、城市经济增长水平、对外开放程度等社会经济因素对其有负向的阻碍作用，其作用系数分别为 -3.776、-0.627、-15.43、-0.000492、-0.0513、-0.0017，意味着东北地区收缩城市的社会抚养负担、劳动力素质、劳动力数量、城市环境、城市经济增长水平、对外开放程度每上升

1 个百分点，其收缩程度就会分别加重 3.776 个、0.627 个、15.43 个、0.000492 个、0.0513 个、0.0017 个百分点；城市化水平、人力资本、产业结构高级化程度、劳动力价格、社会投资水平、政府财政负担等社会经济因素对其有正向的促进作用，作用系数分别为 0.199、0.0486、0.068、0.19、0.0229、0.0298，意味着东北地区收缩城市的潜在劳动力数量、人力资本、产业结构高级化程度、劳动力价格、社会投资水平、政府财政负担每上升 1 个百分点，其收缩程度就会分别减轻 0.199 个、0.0486 个、0.068 个、0.19 个、0.0229 个、0.0298 个百分点。

对于城市内部收缩程度而言，社会抚养负担、劳动力数量、劳动力价格、社会投资水平对其有负向影响，其作用系数分别为 -370.2、-1.274、-1.775、-1.464，意味着社会抚养负担、劳动力数量、劳动力价格、社会投资水平的增加会导致城市内部收缩程度加深，每增加 1 个百分点，会使全域型收缩发生的概率分别增加 370.2 个、1.274 个、1.775 个、1.464 个百分点；城市化水平、人力资本、城市环境、城市经济增长水平、对外开放程度、政府财政负担对其有正向影响，其作用系数分别为 59.54、2.842、0.112、2.859、0.335、7.987，意味着城市化水平、人力资本、城市环境、城市经济增长水平、对外开放程度、政府财政负担的增加会减轻城市内部收缩程度，其每增加 1 个百分点，会分别使全域型收缩发生的概率降低 59.54 个、2.842 个、0.112 个、2.859 个、0.335 个、7.987 个百分点。其中，劳动力素质、产业高级化程度对城市收缩程度有显著的正向影响，对城市内部收缩程度则无显著影响；城市环境、劳动力价格、城市经济增长水平、对外开放程度对城市收缩程度与城市内部收缩程度均产生了相反方向的影响，这种现象体现出城市发展的不平衡性，这种不平衡不仅体现在城市与城市之间，城市内部不同的区域之间也表现非常显著，即城市中心与城市周边区域经济社会发展有较大差距，表现出典型的"中心—外围"特点。这也向我们展示出，在未来的城市收缩研究过程中，城市内部收缩模式及作用机理也需要引起适度关注。

第5章 东北地区城市收缩的
经济发展效应分析

城市收缩与城市经济社会发展变革有着显著的内在关系，明确两者间的关系对于重塑城市收缩内涵及深度解析其经济后果具有推动价值。在全面明确出东北地区城市收缩的空间格局、结构特征及作用机理的基础之上，有必要明确城市收缩的经济社会后果，也就是这种收缩对城市经济发展带来怎样的影响。因此，本章节试图在前文的基础上进一步分析东北地区城市收缩的经济发展效应，弄清楚这种收缩到底会产生怎样的结果，并据此评断城市收缩的现实意义，这对于未来的城市经济发展和城市规划具有实践参考价值。

5.1 东北地区城市收缩的经济发展效应理论及分析

人口是影响中国经济发展的关键因素，丰厚的人口红利是经济发展的重要驱动力。本部分试图从总人口收缩、流动人口收缩、城镇人口收缩三个视角分析人口收缩对经济发展效应可能产生的影响，并挖掘其深层次原因。首先，总人口收缩会对城市经济发展产生负向影响，人口规模缩小也是东北地区经济下行的深层原因之一。人口总量的持续减少，导致大量优质劳动力流失，外加人口老龄化问题突出，长期的人口净流出严重限制了东北经济增长的潜在动力，引致劳动力供给减少，消费和创新能力减弱，投资者的商业信心降低等一系列问题，那么新一轮的东北振兴如果单纯地依靠政策推动来促进经济增长并不是长久之计，必须要将人口收缩考虑进来。其次，流动人口收缩会对城市经济发展产生负向的抑制效应。李扬、殷剑峰（2005）的研究表明，劳动力的转移是制约中国经济增长的关键因素之一，这种转移的持续时间和转移后劳动力边际产出的变化，决定了中国经济可持续发展的时间和空间。① 东北地区流动人口收缩势必会损失人力资本优势，会对城市劳动力市场、经济结构转型、经济发展活力的提升产生不利影响，阻碍了人口红利的充分释放。此外，经济新增长理论（Lucas，1988）认为相同技术水平的劳动者在人力资本平均水平较高地区能够获得较高的工资，考虑到东北地区经济发展水平的滞后性，这也很好地解释了东北地区人口向经济发达地区流动的原因。最为关键的是，优质人力资本流失并没有在同水平上得到替代，即流出人口受教育水平高于流入人口（姜玉，2016），该人口流动特征制约了企业的创业创新水平，流出范围的扩大和流出总量的增加降低了创新创业所需要的人力资本的保障，从某种程度上来说不利于激发经济活力和打造发展新引擎，而这将进一步拖累东北地区的经济发展速率。再次，城镇人口收缩也会对城市经济发展产生负向影响。城镇化对社会经济发展具有重要推动作用，城镇人口收缩在一定程度上延缓了东北地区城镇化进程。城市中心区是城市经济最为活跃的区域，人口的减少不利于东北地区城市由投资驱动向消费驱动的转型，人才集聚效应和规模效应得不到充分发挥，进而也会制约房地产、建筑等诸多行业的发展。需要指出的是，东北经济困境受到产业结构转换、技术创新、制度环境等多方面因素的影响，人口因素只是本研究的一个切入点，但并不是东北经济失速的绝对和决定性因素。

5.2　变量选择与理论模型构建

5.2.1　变量选择

在综合现有相关研究成果的基础之上（李明秋等，2010；龙瀛等，2015；吴康等，2015；王俊松等，2016；张京祥等，2017），遵循指标选取的科学性、系统性、可比性和可操作性等原则，从城市经济发展效率和城市经济总量两大维度构建出城市经济发展水平的综合评价指标体系。选取教育支出占财政支出、医疗支出占财政支出比、社会保障支出占财政支出比、人均拥有道路面积构建综合评价指标体系来衡量城市基本公共服务水平；选取地方财政一般预算内支出与收入之比、工业产值占地区生产总

---

① 李扬，殷剑峰. 劳动力转移过程中的高储蓄、高投资和中国经济增长 [J]. 经济研究，2005，51（2）：4 – 15，25.

值比重、第三产业就业人员占比、职工平均工资、普通高等学校在校学生
数、建成区绿化覆盖率、外商直接投资实际使用额来分别衡量政府财政负
担、城市产业结构水平、城市就业水平、城市劳动力价格、城市教育水
平、城市环境水平、城市外向度，具体如表 5 - 1 所示。

表 5 - 1　　城市经济发展水平的综合评价指标体系及其影响因素

目标层	准则层	指标	单位	权重
城市经济发展水平（UED）	城市经济发展效率	人均地区生产总值	元	0.178
		地均地区生产总值	元	0.125
		城镇居民人均可支配收入	元	0.170
	城市经济总量	地区生产总值	万元	0.163
		社会消费品零售总额	亿元	0.163
		进出口贸易总额	万美元	0.159
		全社会固定投资	万元	0.042
影响因素	基本公共服务水平	教育支出占财政支出	%	0.227
		医疗支出占财政支出比	%	0.268
		社会保障支出占财政支出比	%	0.238
		人均拥有道路面积	平方米	0.267
	政府财政负担	地方财政支出/财政收入	%	1.000
	城市产业结构	工业产值占地区生产总值比重	%	1.000
	城市就业水平	第三产业就业人员占比	%	1.000
	城市劳动力价格	职工平均工资	元	1.000
	城市教育水平	普通高等学校在校学生数	万人	1.000
	城市环境水平	建成区绿化覆盖率	%	1.000
	城市外向度	外商直接投资额实际使用额	万美元	1.000

说明：表中指标权重根据 AHP 分析方法计算所得。

本研究所选用的数据均来源于 2001 ~ 2011 年《中国城市统计年鉴》、
各省区市的统计年鉴、2000 年及 2010 年人口普查数据公报、中国城市数
据库以及中国城乡建设数据库，部分数据经过初步加工整理所得。如第 3
章所述，本研究的研究范围是广义上的东北地区，即黑龙江、吉林、辽宁
三省全部范围以及内蒙古自治区的赤峰市、通辽市、呼伦贝尔市、兴安
盟、锡林郭勒盟，其空间范围内共有 41 座地级及以上城市。

5.2.2　理论模型构建

如前文所述，面板数据（panel data）作为在一段时间内跟踪同一组个体（individual）的数据，它既有横截面的维度又有时间维度。倘若只观察少数几年或者少量样本的数据可能会产生变量遗漏的问题，造成误差。另外，面板数据对于解决重大遗漏变量问题也有着内在的优势，也能够全方位提供更多的个体动态信息。参考有关文献（李子奈等，2000；靳庭良等，2004；吴鑑洪，2011），基本面板回归模型如下：

$$y_{it} = \alpha_i + \beta_{it}x_{it} + \varepsilon_{it} \tag{5-1}$$

其中，α_i 为随机个体效应；x_{it} 可以随时间变化（time-varying），代表解释变量；β_{it} 代表解释变量 x_{it} 的影响系数；ε_{it} 为随机扰动项。本研究试图考察不同类型城市收缩对城市经济发展水平所产生的影响，因此，在回归方程左边，选取城市经济发展水平综合得分作为因变量。基本公共服务的提供对于城市经济增长的作用在研究中已经得到证实（王悦荣等，2010；李梅香，2011；孟兆敏等，2014），故此，在回归方程右边，本研究选取基本公共服务水平（Pub）来表示城市基本公共服务水平。选取地方财政一般预算支出与地方财政一般预算收入之比来代表政府财政负担，体现政府财力在城市经济发展过程中的作用力度（李涛等，2009；郭存芝等，2010）。在产业与就业结构不断调整的过程中，第二、第三产业以其自身的优势保持着相对充足的劳动人口吸纳能力，且这种能力逐步增强；而第一产业由于内在的不足，对劳动力则具有挤出效应（何景熙等，2013；王欢等，2014），随着产业结构的调整，第三产业对就业的影响程度日益增大，成为吸纳就业的主力，因此，本研究引入第三产业增加值，来表示城市就业水平。优化的城市产业结构有助于提升城市的竞争力，故此，本研究选取工业产值占地区生产总值比重来衡量城市产业结构的高级化。较高的工资水平是人口迁移的重要动力之一，城市规模存在的工资溢价以及农民工从大城市获得更高的真实实际工资吸引着人口向大城市集聚（王建国等，2015；吴波等，2017），本研究选取职工平均工资来衡量城市劳动力价格。高等教育与城市竞争力的联系日益紧密（李煜伟等，2012），其对城市经济发展水平产生较大影响，因此本研究选取高等教育在校生人数来衡量城市教育水平。城市环境水平体现出城市的自然、社会、经济三者关系的和谐程度，反映出城市经济可持续发展水平，本研究选取建成区绿化覆盖率来衡量城市环境。城市外向度越高，则城市生产要素资源的流动性越大，其对城市经济发展水平也有着较大的影响，外资引进数额是体现城市外向度的重要部分，因此本研究选取外商直接投资实际使用额对城市外向度进行量化。

另外，本研究在模型中控制了表示总人口增长率（Pop）、流动人口增长率（$Flop$）、城镇人口增长率（Urp）这 3 个哑变量，用 $D_i (i=1, \cdots, 3)$ 表示，若是增长率为正（非收缩），$D_i = 0$；若是增长率为负（收缩），$D_i = 1$。由于虚拟变量不随时间变化（李子奈等，2004），本研究使用面板混合回归模型，并将基本面板回归模型扩充为：

$$UED_{it} = \partial_{it} + \beta_{1t} Bps_t + \beta_{2t} LnRev_t + \beta_{3t} Lnd_t + \beta_{4t} LnEmp_t + \beta_{5t} LnSal_t$$
$$+ \beta_{6t} Edu_t + \beta_{7t} Env_t + \beta_{8t} LnFdi_t + \varepsilon_{it} \tag{5-2}$$

5.3   实证分析

5.3.1   变量的描述性统计

表 5 – 2 是对本研究所涉及变量的描述性统计，从该表可以得知，由于测度的年份为 11 年，样本是东北地区的 41 个地级及以上城市，因此观测值为 451；总体来看，所选指标的标准误整体较小，主变量城市经济发展水平的标准差为 0. 021，表明样本统计量和总体参数的值比较接近；其他控制变量的标准差均保持在合理的区间范围内，表明样本对总体具有代表性，用样本统计量推断总体参数可靠性较高。

表 5 – 2   变量描述性统计

变量	符号	观测值	均值	标准差	最小值	最大值
城市经济发展水平	UED	451	0. 024	0. 021	0. 006	0. 109
城市基本公共服务水平	Bps	451	0. 024	0. 007	0. 007	0. 081
政府财政负担	Gov	451	3. 768	0. 947	1. 115	6. 416
城市产业结构	Ind	451	0. 883	0. 467	0. 022	3. 261
城市就业水平	Emp	451	4. 770	1. 012	2. 847	7. 721
城市劳动力价格	Sal	451	9. 518	0. 528	8. 398	10. 729
城市环境水平	Env	451	3. 418	0. 324	1. 374	3. 909
城市教育水平	Edu	451	3. 785	8. 144	0. 010	49. 400
城市外向度	Fdi	451	7. 914	2. 060	1. 386	13. 819

5.3.2　实证结果展示与分析

借助于 Stata 14.0 专门处理面板回归模型以及排序模型的命令，对上述关于东北地区城市收缩及其控制变量的数据进行回归分析，具体结果如表 5 − 3 所示。

表 5 − 3　　　　　　　　　　　　实证分析结果

样本变量	模型 I	模型 II	模型 III	模型 IV
Bps	− 0.0723 *	− 0.0747 *	− 0.0709 *	− 0.0762 *
	(− 0.0391)	(− 0.0387)	(− 0.0389)	(− 0.0389)
Gov	− 0.00389 ***	− 0.00379 ***	− 0.00382 ***	− 0.00389 ***
	(− 0.000995)	(− 0.000986)	(− 0.000989)	(− 0.000988)
Ind	0.00327 ***	0.00327 ***	0.00330 ***	0.00324 ***
	(− 0.000861)	(− 0.000853)	(− 0.000856)	(− 0.000856)
Emp	0.0108 ***	0.0105 ***	0.0108 ***	0.0106 ***
	(− 0.00107)	(− 0.00106)	(− 0.00106)	(− 0.00107)
Sal	− 0.00532 ***	− 0.00510 ***	− 0.00533 ***	− 0.00499 ***
	(− 0.00121)	(− 0.0012)	(− 0.0012)	(− 0.00121)
Env	0.00127	0.00123	0.00124	0.00121
	(− 0.000886)	(− 0.000877)	(− 0.000881)	(− 0.00088)
Edu	0.000205 ***	0.000191 ***	0.000198 ***	0.000194 ***
	(− 6.47E − 05)	(− 6.42E − 05)	(− 6.43E − 05)	(− 6.44E − 05)
Fdi	− 0.000528 **	− 0.000551 **	− 0.000539 **	− 0.000549 **
	(− 0.00024)	(− 0.000238)	(− 0.000239)	(− 0.000238)
Pop		− 0.00833 ***		
		(− 0.00306)		
Flop			− 0.00594 **	
			(− 0.00286)	
Urp				− 0.00763 **
				(− 0.00382)
Constant	0.0359 ***	0.0379 ***	0.0388 ***	0.0359 ***
	(− 0.00868)	(− 0.00864)	(− 0.00876)	(− 0.00863)
Observations	451	451	451	451
Number of city	41	41	41	41
R^2	0.7072	0.6363	0.6907	0.6417

说明：括号里为标准差；*** p < 0.01，** p < 0.05，* p < 0.1。

5.3.2.1 模型Ⅰ：城市经济发展水平的影响因素分析

表 5 - 3 中的模型Ⅰ是根据公式（5 - 2）对东北地区 41 个地级及以上城市的相关数据进行面板混合回归的结果。由模型Ⅰ可知，2000~2010 年间东北地区地级及以上城市产业结构、城市就业水平、城市教育水平等经济社会因素对城市经济发展水平具有正向的促进作用，且均通过了 1% 的显著性检验，作用系数分别为 0.00327、0.0108、0.000205，意味着东北地区地级及以上城市产业结构、城市就业水平、城市教育水平每上升 1 个百分点，其城市经济发展水平就会分别上升 0.00327 个、0.0108 个、0.000205 个百分点。城市产业结构水平代表着城市生产力水平的高低，城市产业也是城市发展的基本物质条件。对于作为老工业基地的东北地区而言，工业是其城市的经济支柱和支撑，工业产值占地区生产总值比重可以直观反映城市的经济发展情况，工业发展水平的提升会明显带动整个东北地区的发展，相应的，工业发展的滞后性也会阻碍该地区城市发展水平的提升；特别是在 2008 年金融危机的冲击下，东北地区原有的产业结构及发展路径受到挑战，然而，产业结构转型与传统工业的振兴以及战略性新兴产业的推动对其城市经济发展均带来了显著的正向影响，意味着对于东北地区而言，只有通过新兴产业的发展、改变传统产业结构才能摆脱低迷的经济状况，工业发展的重要性再次得以证实。城市就业水平提升的背后就是城市可以提供更多的就业机会，意味着城市对于就业人口容纳能力的增强，可以吸引更多的人口，从而提升城市活力。类似于德国鲁尔区与美国"锈带"城市，东北地区由于长期以资源型产业与重工业为支柱产业的发展历史，造成城市环境恶化、城市景观衰败的情况，不利于城市经济社会的可持续发展；以服务业为代表的第三产业对于资源的消耗度和依赖程度远低于第一、第二产业，经济贡献度也持续增大，特别是在资源型城市转型发展的大背景下，生产性服务业的发展正当其时，这将对城市经济发展产生不可磨灭的贡献，这也对未来的城市提出了更高的要求，其经济发展中必须实现由粗放型向集约型的转变，以此强化服务业的经济发展效应。创新驱动是城市发展转型的重要动力之一，研发投入和人力资本的质量构成了进行重大创新活动的资源基础，大学和科研机构处于创新链的上游，是新知识和新技术的创造者（魏亚平等，2014），城市教育水平越高即拥有越多的高等教育机构，对于城市创新的发展越具有促进作用；在现实条件下，原有的资源依赖型经济已经不可持续，东北地区城市经济的发展需要依靠创新来进行驱动，而创新又与城市教育水平紧密关联，因此城

市教育水平的提升对城市经济发展水平有着正向促进作用。

城市的基本公共服务水平、政府财政负担、城市劳动力价格、城市外向度对城市经济发展水平具有负向的阻碍作用，且均通过了 1%、5% 或 10% 的显著性检验，作用系数分别为 - 0.0723、- 0.00389、- 0.00532、- 0.000528，意味着东北地区地级及以上城市的基本公共服务水平、政府财政负担、城市吸引力、城市外向度每上升 1 个百分点，其城市经济发展水平就会分别下降 0.0723 个、0.00389 个、0.00532 个、0.000528 个百分点。在长期的计划生育政策以及计划经济体制的影响下，东北地区生育率偏低，有陷入"低生育陷阱"的趋势和危机，与此同时，随着人口寿命的不断提高，城市人口老龄化成为制约城市发展的"瓶颈"；老龄化率的提升迫使政府大量投入资金用于养老与医疗保障，其城市基本公共服务水平的提升主要体现于此，但这种公共支出结构将挤压用于政府投资、消费的支出。另一方面，在"未富先老"的现实条件下，城市老龄人口比重的增加将降低城市的消费水平，从而影响城市财政收支比例，过大的财政负担不利于城市经济的繁荣。城市外向度体现出城市与外界市场的联系紧密度，城市外向度越高城市资源要素的流转速度越快，这不仅包括要素资源的流入，也体现在要素资源的流出层面，对于东北地区而言，重点表现为劳动力要素与资本的不断流失；其中人口净流失是东北经济发展停滞的重要原因，人口流失的重要原因之一就是东南沿海地区的劳动报酬相比于东北地区具有明显优势，以职工平均工资衡量的城市劳动力价格并没有产生足够的吸引力，导致"孔雀东南飞"现象的持续。

5.3.2.2　模型 II：总人口收缩的经济发展效应

通过表 5 - 3 的模型 II 可以看出，城市收缩对城市经济发展具有负向的阻碍效应，且通过了 1% 的显著性检验，作用系数为 - 0.00833，表明城市收缩会带来东北地区城市经济的衰退，意味着对于东北地区而言"城市收缩"并非中性词。对于还处于城市化中级阶段的中国而言，人口城市化对于社会经济发展有重要的推动作用（聂华林等，2012），这也是国家为何大力推动新型城镇化的重要原因。高健等（2016）基于城市经济增长的计量模型测算发现，城市人口规模与城市经济增长之间存在倒 U 形关系，对于东北地区而言，城市人口规模的扩大仍对城市经济增长有着正面效应，这也是现在各大城市出台"抢人"政策的核心症结之所在。总人口收缩体现的是城市人口规模持续降低，意味着东北地区城市发展将极大地受限于不断减少的人口，人口要素的流失也会导致城市发展效率的受损。人口净流失的新东北现象也表明，对于东北地区而言，必须预防人口的进一步流失，进而规避空城或鬼城的发生。实证结果与东北地区的发展实际紧密吻合，这也再次表明，如何高质量高效率的解决人口流失问题成为东北振兴中需要关注的关键性问题。

对于收缩城市而言，城市产业结构、城市就业水平、城市教育水平等经济社会因素对城市经济发展水平具有正向的促进作用，且均通过1%的显著性检验，作用系数分别为0.00327、0.0105、0.000191，意味着东北地区地级及以上城市的产业结构水平、城市就业水平、城市教育水平每上升1个百分点，其城市经济发展水平就会分别上升0.00327个、0.0105个、0.000191个百分点，这与前文结论基本一致。在东北地区经济下行的大环境下，收缩城市相对于非收缩城市将会面对更加严峻的由于城市人口流失带来的一系列问题。在人口规模不断减小的情况下，通过升级产业结构，高效率利用人力资源是其城市经济发展的重要驱动力；且相比于劳动密集与资源密集的第一、第二产业，第三产业的人均产出效率更高，吸纳就业能力更强，就业机会的增加可以留住更多人口，有效维持城市人口规模，对于城市经济发展产生正向促进作用。通过提升城市教育水平，可以提升城市劳动力质量，将人力资源转变为人力资本，通过创新驱动来实现经济发展。

城市的基本公共服务水平、政府财政负担、城市劳动力价格、城市外向度对城市经济发展水平具有负向的阻碍作用，且均通过了1%、5%或10%的显著性检验，作用系数分别为 -0.0747、-0.00379、-0.0051、-0.000551，意味着东北地区地级及以上城市的基本公共服务水平、政府财政负担、城市劳动力价格、城市外向度每上升1个百分点，其城市经济发展水平就会分别下降0.0747个、0.00379个、0.0051个、0.000551个百分点。人口集聚程度与外来人口因素会通过不同的作用机制来降低城市公共支出的人口规模弹性，从而大城市公共支出的规模效应强于小城市（王伟同等，2016），在城市人口规模减小的情况下，建设公共基础设施与提供公共服务的边际成本均会上升，从而增加政府财政负担，不利于城市经济发展。而对于本身处于人口收缩的城市而言，其城市商业的发展已经处于不利地位，不断增加的劳动力价格会加重企业负担；同时，单位产品的劳动力成本上升，也会无形中提高产品的价格，降低产品市场竞争力，影响企业盈利，因此从这两个方面而言，劳动力价格的上升自然会对城市经济发展产生负面影响。城市外向度作为城市外部经济联系的重要指标，该值越高，收缩城市对于人口吸引力不足的弱势就会愈加突出，其劳动力要素外流速度会更快，加重城市收缩程度，对城市经济发展产生负面影响。

5.3.2.3　模型Ⅲ：流动人口收缩的经济发展效应

本研究中的流动人口数据是基于"五普""六普"中的地区总人口与户籍人口数据，计算两者间的差额所得到。通过表5-3的模型Ⅲ可以看出，流动人口收缩对城市经济发展也具有负向的阻碍效应，且通过了5%的显著性检验，作用系数为-0.00594，意味着流动人口减少速度每上升1个百分点，城市经济发展水平将下降0.00594个百分点，这主要在于东北作为人口净流出的地区，大批量的流动人口减少抵销了该地区发展中的人力资源甚至人力资本优势，人口红利降低，势必对城市经济发展带来不利影响。流动人口分为流入人口和流出人口，对于东北地区而言，流动人口的减少不仅体现在流入人口减少，甚至出现了连续的人口净流出现象。流动人口对于城市经济发展的贡献已经在研究中得到证实，我国流动人口主要构成是农民工群体，对中国国民经济增长做出了重要贡献，对非农经济产出的贡献率平均达到16.37%，而且流动人口对城市经济做出了净贡献（张力，2015）；流动人口的就业领域仍然是制造业，在第三产业就业人数也在不断增长（李伯华等，2010），流动人口为流入地区带去了丰富的劳动力资源，加剧了当地市场竞争，从而使城市经济发展处于相对效率状态，促进了流入地社会经济发展，因此其数量减少对于城市经济发展的负面影响不容忽视。这对于东北地区来说，采取怎样的措施用以抵制流动人口的缩减也成为东北振兴中必须注意的重点问题。

对于流动人口收缩的城市而言，城市产业结构、城市就业水平、城市教育水平等经济社会因素对城市经济发展水平具有正向的促进作用，且均通过了1%的显著性检验，作用系数分别为0.00330、0.0108、0.000198，意味着东北地区地级及以上城市的产业结构水平、城市就业水平、城市教育水平每上升1个百分点，其城市经济发展水平就会分别上升0.00330个、0.0108个、0.000198个百分点。人口净流出是东北人口变化的主要特征之一，且人口流出有数量流出和质量流出的双重特征（姜玉等，2016），东北地区人口流出不仅是人口规模的减小也是人口质量的下降；根据中国本科生就业报告中的相关数据显示，2015年东北三省本科毕业生人数占全国的11.4%，然而，选择在东北三省就业的本科生人数仅占全国的5.2%，本地高等教育人才流失严重。对于东北地区流动人口收缩的城市而言，流动人口减少甚至负增长，极大地损伤了城市活力和潜在发展动力，通过产业结构升级、发展新兴产业不但可以创造就业岗位留住更多的年轻人，提升城市就业水平；还能够通过技术与知识的需求来吸引人才聚集，为城市产业转型升级提供必要条件，因此，城市产业结构升级与城市就业水平的提高可以促进城市经济发展。同时，提高教育水平，尤其是高校科研院所的研究实力，可以为新一轮东北振兴储备人才资源，能够从人才层面确保东北地区有充足的人力资本供其使用，故此，城市教育水平的提升对发展方式转型产生积极作用，对城市经济发展也将带来显著影响。

　　城市的基本公共服务水平、政府财政负担、城市劳动力价格、城市外向度对城市经济发展水平具有负向的阻碍作用，且均通过了1%、5%或10%的显著性检验，作用系数分别为 − 0.0709、− 0.00382、− 0.00533、− 0.000539，意味着东北地区地级及以上城市的基本公共服务水平、政府财政负担、城市劳动力价格、城市外向度每上升1个百分点，其城市经济发展水平就会分别下降0.0709个、0.00382个、0.00533个、0.000539个百分点。流动人口负增长意味着城市人口规模的减少，而且东北地区人口流失以大量的年轻劳动力迁出为主，促使人口结构更加趋于老龄化（戚伟等，2017）。"倒三角"的人口结构决定了城市公共服务支出将主要集中于提供养老保障方面，而非用于城市基础设施建设的更新，从而导致城市公共服务水平对城市经济发展产生负面影响。流动人口是城市人口规模维持的重要部分，流动人口收缩一方面会导致城市人口规模无法达到公共基础设施建设需要的人口"门槛"，降低基础设施的提供范围与使用效率；另一方面会增加城市公共服务提供的边际成本，从而增加城市财政负担，不利于城市经济的发展。同时，城市劳动力价格的上升会增加企业运行负担，对于东北地区流动人口本来就处于净流出状态的城市而言，会进一步压缩商业利润空间，降低城市经济活力，弱化了城市经济发展的内在动力，城市发展缺乏后劲。经济动能不足是东北地区人口流失的主要原因，城市经济外向度的提高意味着人力资源流动更加自由，经济发达地区对于人口的高度"吸引力"会加剧人口流失的程度，导致城市活力不足、经济衰落，也将对城市经济发展产生不利影响。

5.3.2.4　模型Ⅳ：城镇人口收缩的经济发展效应

　　通过表5−3的模型Ⅳ可以看出，城镇人口收缩对城市经济发展会产生消极影响，且通过了5%的显著性检验，作用系数为 − 0.00763，意味着城镇人口减少速度每上升1个百分点，城市经济发展水平则下降0.00763

个百分点。总人口收缩强调的是"市"这个行政区域范围内的人口收缩现象，而城镇人口收缩则强调的是对城市中心区域人口流失现象的探索分析，城镇人口收缩的收缩模式类似于国际上的"圈层模式"。城市中心区域作为城市中的重要场域，其根本在于城市中心空间拥有的城市活力，人是城市活力的来源而非各种建筑，高密度的人口是城市中心相对于城市其他区域最主要的优势之一；人口集聚带来科技、资本等生产要素在中心城区的集聚，使该区域生产要素不仅总量大、内容丰富且易于协调，为产生显著的规模效应提供了基础。城市中心人口规模的减少会直接影响规模效率的产生，从而影响城市经济发展的效率，减少内需扩大的速率，降低城市发展的活力，自然对城市经济发展也会带来不利影响。

对于城镇人口收缩城市而言，城市产业结构、城市就业水平、城市教育水平等经济社会因素对城市经济发展水平也具有正向的作用，且均通过了 1% 的显著性检验，影响系数分别为 0.00324、0.0106、0.000194，意味着东北地区地级及以上城市的城市产业结构水平、城市就业水平、城市教育水平每上升 1 个百分点，其城市经济发展水平就会分别上升 0.00324个、0.0106 个、0.000194 个百分点。城市中心区域作为城市经济最为活跃的地区和最为关键的地区，其产业结构水平升级往往对城市经济发展的整体影响较大，新兴产业与具有高附加值的产业的发展对于提升经济发展质量都具有重要意义。另外，新兴产业的发展会创造更多就业机会，吸引高素质人才集聚在城市中心，产生人才集聚效应与规模效应，提升城市中心经济发展效率。城市教育水平的提升则是源源不断地为城市发展输送人才资源，为城市中心人才集聚效应提供必要的人力资本基础。

城市的基本公共服务水平、政府财政负担、城市劳动力价格、城市外向度对城市经济发展水平具有负向的阻碍作用，且均通过了 1%、5% 或10% 的显著性检验，作用系数分别为 −0.0762、−0.00389、−0.00499、−0.000549，意味着东北地区地级及以上城市的基本公共服务水平、政府财政负担、城市劳动力价格、城市外向度每上升 1 个百分点，其城市经济发展水平就会分别下降 0.0762 个、0.00389 个、0.00499 个、0.000549 个百分点。城镇人口收缩意味着城市中心的衰落，作为城市中基础设施最为完善、经济最为发达的区域，城市中心空心化会造成基础设施空置、大量公共资源浪费，政府加大对于基础设施建设的投入反而会不利于城市经济发展；同时，在城市中心区域衰落的情况下，政府财政收入会受到很大影响，维持、更新原有公共基础设施水平会加重政府财政负担，不利于城市经济发展水平的提升。"人口外流→劳动力不足→劳动力价格上升→企业发展受限→就业机会减少→人口外流加剧"的恶性循环在城市中心区域更加明显，城市劳动力价格的上升会造成企业运转压力增加，导致就业岗位减少，进一步"推出"人口。城市中心区域是城市的经济及政治中心，是城市中人口密度最高的区域，城市外向度的提升首先影响到城市中心区域，在城市发展后继乏力的情况下，中心区域人口流失现象往往最为显著，城市中心区域出现的收缩又会加重城市经济低迷的情况。

5.4　本章小结

本章重点对东北地区城市收缩的经济发展效应展开实证分析，首先，基于城市经济发展效率、经济总量两大维度构建出城市经济发展水平的综合评价指标体系，并对城市经济发展水平进行了实证测算。其次，选取城市基本公共服务水平、政府财政负担、产业结构水平、城市就业水平、城市劳动力价格、城市教育水平、城市环境水平、城市外向度等经济社会指标作为东北地区城市收缩的影响因素；选取总人口增长率、流动人口增长率、城镇人口增长率作为控制变量，并将总人口增长率为负、流动人口增长率为负、城镇人口增长率为负分别定义城市收缩、流动人口收缩、城镇人口收缩。在此基础之上，通过建立相关面板回归模型考察了在不同类型人口收缩的影响下，各项经济社会因素对于城市经济发展水平的影响。本研究发现：第一，在未控制人口变化的情况下，2000～2010年间东北地区地级及以上城市的产业结构水平、城市就业水平、城市教育水平等经济社会因素对城市经济发展水平具有正向的促进作用，其作用系数分别为0.00327、0.0108、0.000205，意味着东北地区地级及以上城市的产业结构、城市就业水平、城市教育水平每上升1个百分点，其城市经济发展水平就会分别上升0.00327个、0.0108个、0.000205个百分点；城市的基本公共服务水平、政府财政负担、城市劳动力价格、城市外向度对城市经济发展水平具有负向的阻碍作用，其作用系数分别为 -0.0723、-0.00389、-0.00532、-0.000528，意味着东北地区地级及以上城市的基本公共服务水平、政府财政负担、城市吸引力、城市外向度每上升1个百分点，其城市经济发展水平就会分别下降0.0723个、0.00389个、0.00532个、0.000528个百分点。第二，总人口收缩、流动人口收缩、城镇人口收缩对

于经济发展水平均有显著的负面效应，作用系数分别为 - 0. 00833、
- 0. 00594、- 0. 00763，其负向作用通过不同的机制得以体现，但总体而
言，反映的均是东北地区不同维度的人口收缩对于城市经济发展水平的消
极影响，证明对于东北地区而言 "城市收缩" 并非中性词。城市收缩现象
是新常态下以东北地区为代表的老工业基地经济社会发展现状的真实写
照，随着经济发展路径转变以及增长主义的城市扩张时代走向终结，城市
过度扩张的弊端日益显现，适度收缩城市规模成为必要选择。同时，城市
收缩现象对于城市的社会经济发展也有着深刻的影响，对于未来的城市发
展和规划而言，如何在城市收缩的现状下实现 "精明增长" 或者 "精明
收缩" 是必须要更加重视的问题。

第6章　东北地区城市收缩的典型案例剖析

进入 21 世纪以来，由于产业结构去工业化、老龄化及社会经济转变的发生，大多数国家和地区都呈现出人口总量由持续已久的增长期向衰退期转变的情况，全球诸多资源型城市的人口自然增长率普遍表现出负增长。对于我国而言，许多资源型城市的资源开采也陆续进入成熟期和衰退期，资源型城市的政治、经济、文化和社会问题也逐一显露。东北地区有其独有的特征和历史发展进程，资源型城市数量繁多且建设普遍较早，但是近年来资源衰竭、城市发展失衡及城市规划不当等问题不断涌现，城市收缩现象逐渐突显，城市扩张失控，人口迁出率增长，直接致使东北地区的社会发展轨迹发生严重变化，城市的可持续发展遭到严重的制约和冲击（刘云刚，2002）。对于这一现状，学者们展开了广泛的研究，逐渐发现东北地区作为重要的老工业基地之一，由于受到少子化、边缘性、制度变迁、资源枯竭等问题影响（龙瀛等，2015），城市收缩现象表现十分典型，其人口不断流失加剧了经济社会发展的风险，其中，伊春市就是东北地区城市收缩的典型区域。因此，本章选取了伊春市作为案例，对其城市收缩状况进行详细的分析，以此深入剖析和更加全面了解目前东北地区城市收缩的基本现状与未来发展趋势。

6.1　伊春市的基本概况

伊春市以森林工业为主导产业，而林业禁伐的政策出台，产业内部结构以及产业体系发生了重大变化；另外，由于伊春市本身的地理位置，导致伊春市发展长期缺乏政策支持，经济增长疲软，交通便利程度也有待加强，致使城市经济在一定程度上出现衰退现象，衍生出明显的城市收缩特征。因此，为深入探究伊春市的城市收缩，首先必须明确伊春市的基本概况。

6.1.1　区位与空间地域

伊春市位于黑龙江省东北部，深入小兴安岭腹部，环绕着松花江与黑龙江，处于东经 127°37′~130°46′，北纬 46°28′~49°26′。伊春市东接鹤岗，东南部又和佳木斯市相接，南邻哈尔滨市，西南部又与绥化市毗邻，而西北部与黑河市接壤，北部与俄罗斯阿穆尔州、尤太州隔江相望，既是我国重要的边境城市，也是黑龙江东北部的交通枢纽。

伊春市的发展历史悠久，最早可以追溯到唐朝，当时还处于农耕时代，到了清政府时期，对伊春实行禁止开采耕种，视其为龙脉。新中国成立的前一年，伊春开始了新的开发建设，于 1958 年正式建市。伊春市表面是一个地级市，实际上它是以伊春区为中心，由 21 个卫星城镇组成的城市群，其主要实行政企合一的运行体制（张志达等，2008），即伊春市人民政府和伊春林业管理局合一。下辖 1 市（县级）1 县 15 个区，其中13 个区分别与所在地林业局实行政企合一体制。

同时，伊春市具有重要的林业资源，拥有着世界上最大的红松林，也因此被称为"红松故乡"，并得到"林都"这一称号，是我国最大的专业化林业资源型城市。伊春市自 1948 年开始进行开发建设，至今已经有 70 多年的历史，伊春市的经济开发建设主要依托于其丰富的林业资源，正是因为其森林资源十分丰富，促使伊春市形成了以林业开采为主的资源型产业结构。同时，除此之外伊春市还具有丰富的矿产资源、旅游资源以及野生动植物资源，这也是伊春市现有经济结构形成的重要原因。

6.1.2　城市发展历程

伊春市的城市建设尚短，自 1948 年开始进行开发建设以来仅有 70 多年历史，在这短短的 70 多年城市发展中伊春市经历了 3 个城市建设的重要阶段。伊春市的城市开发建设源头在于它本身具有的丰富林木资源，因此，伊春市最初的经济来源主要依靠林木的开采，从 1948 年开始，伊春市进行了大规模开发，直至现在每年还能提供约 2.4 亿立方米的高质量木材以供使用，每年上缴财政约为 300 余亿元，属于我国最大的森林城市，也是我国森工产业的发祥地。

伊春市的林木资源是有限的，不能无休止无管制的进行开采。对此政府开始进行适当的干预，防止伊春市林木开采过度，进而促使林木产业可持续发展。21 世纪以来，我国政府不遗余力地保护着伊春市的林木资源，并采取一系列森林资源环境保护的相关措施，尤其在 2010 年要求停止主采，2013 年禁止商业性采伐。当然在限制开采的同时，伊春市林木相关行业逐渐受到影响，从木材的开采工艺到相关的上下游行业、加工以及家具的制造等等都受到了波及。这样一来伊春市众多与木材相关的企业为了维持运营只能从外地购买木材，但这样的情况下就容易产生额外的运输费用以及相关成本，造成公司运营成本远高于过去的成本水平，企业的经营状况也日渐衰落。为能够有效应对这一市场状况，伊春市众多企业以及相关的行业开始寻找其他的应对措施，开始进行新的行业探索。从 2000 年开始，伊春市的行业开始偏向于煤矿产业，依靠其丰富的矿产资源，开始发展钢铁行业，并逐渐取代木材行业的领头地位，找到了新的经济增长方式和增长点，既有效改善了伊春市林业资源的储存状况，实现了森林资源的有效保护，同时也促进了伊春市的城市经济发展多样化，加速了产业结构的升级转化。

但是从 2012 年伊始，伴随着钢铁产业的不景气，行业总体出现产能严重过剩的情况，伊春市部分钢铁厂也面临市场萎缩，企业运营不济甚至倒闭的恶劣情况，这一市场变化使得伊春市林木行业以及钢铁行业均遭受了严重的挫折，致使伊春市的工业发展严重落后，经济水平呈现直线下滑趋势，缺乏带动城市发展的内在活力和生机，经济出现负增长，人口流失不断加剧。伊春市的人口以及经济同时出现了收缩现象，虽然伊春市的产业也在持续地改革升级，但改革效果不尽如人意，伊春市的城市发展日渐落后，已经沦落为"降级地区"。

6.1.3　城市交通状况

伊春市目前的城市交通已经形成了相对完善的网络体系。外部交通网络主要以航空、高速公路、铁路为主，形成重要的交通网格线。2009 年，伊春市兴建了伊春林都机场，该机场作为衔接哈尔滨和佳木斯的重要航空枢纽中转站，极大的完善了黑龙江省的交通体系，同时也加速了伊春市交通网的健全，为远程旅客提供了巨大的便利。由于伊春市位于祖国的东北边疆，小兴安岭的中心地区，因此，交通运输网络仍以公路和铁路为主。目前伊春市的铁路站共有 3 座，分别为伊春站、南岔站以及铁力站，这 3 座核心铁路站促使伊春市形成了"一纵一横"式的铁路网络，其中伊春站主要位于南乌线上，而剩余的两座铁路站即铁力站与南岔站主要处于绥佳线上，伊春市拥有发达的铁路交通，具有较高的可达性，可以便捷地直通国内各大城市。伊春汽车站、伊春公路客运总站以及铁力公路客运站是伊春市高速公路系统上最为重要的 3 座客运站，以此为依托，使得伊春抵达哈尔滨的高速公路仅需三个半小时。伊春到鹤岗的高速公路作为伊春与东部城市的重要交通联系，且途经美溪区和金山屯区。伊春到黑河的高速公路，由于途经五营森林公园，进而为伊春的旅游带来交通上的便利，方便了外来游客的出行。

伊春市的交通线路中最为完善的即与哈尔滨的衔接，数据表明，伊春无论是作为迁入地还是迁出地都与哈尔滨之间的交通往来最多。这主要因为哈尔滨作为省会城市，本身具有一定的地理位置优势，同时也具备了更为完善、更为高级的基础设施水平，必然对于周边的城市能够产生巨大的虹吸作用，释放更为强大的吸引力；当然，周边城市的劳动力、资金、技术等资源的聚集也能为哈尔滨带来极有利的集聚效应，进而利用集聚效应为产业带来更大的竞争优势，实现地区经济专业化发展，形成推动经济增速的"新增长极"。不可否认的是，中心城市的这一集聚力也会不断加速伊春这类周边城市的资源流失，在中心城市有利的资源环境优势状况下使得伊春等周边的行政城市难以形成新的、有效的经济发展动力，逐渐减少了对人才的吸引力，使得这些经济实力比较弱的城市人口严重流失，城市增长动力严重缺乏，这也是导致地区城市收缩的原因之一。

目前来说，伊春市的内部交通网络仍需不断健全和完善，由于伊春市本身的地理位置特点，地广人稀，日常交通以汽车为主。虽然伊春市的公路网络有着"一纵四横两环"的总体架构，但是城区内仅有 16 条公交线路，相对而言便利程度较低，各个市辖区的市民日常生活仍需要以长途客运车为主。

6.1.4　城市规划背景

伊春市长期以来实行的是政企合一的政策，这种政策有着典型的计划经济特色，是计划体制经济结构下应运而生的产物。但是随着改革开放的逐步深入，我国市场经济发展水平越来越完善，原有的政策体系已经难以满足现代经济发展的需要，甚至是制约了该地区经济发展的前进步伐，但是改革并不是一蹴而就的事情，由于改革过程中的重重阻力，伊春市短时期内难以做出正确的调整，因而仍然保留着"政企合一"的政策原貌。目前伊春市仍有 13 个区依然采用这一行政体制，这样一来就造成伊春市财政收入来源受限，被迫依赖政府的拨款补助和支持，以此来维持伊春市森工产业的运营，甚至只能依靠政府机构的运作。同时政府资金具有一个重要特点，即资金不灵活，并且补助数额仅能够勉强维持林业工人的基本生活需要以及政府的基本运作，并不能够满足伊春市发展的整体需要，导致伊春市林业工人的生活水平直线下降，甚至公务员的工资也远低于同水平的城市，因此，不断有伊春市民离开伊春而奔向其他城市为谋求更好的发展，久而久之，伊春市收益创造能力下滑，政府财政收入不断下降，严重影响伊春市城市基础设施水平的提升以及社会公共服务水平的提高，对人才以及企业的吸引能力日渐下降，进一步导致伊春市的城市收缩速度加快。

同时根据已有的相关资料能够发现，伊春市现存的经济发展规划存在较多的不合理之处，城市收缩的特征十分明显，但是相关部门和人员却选择忽视这一现象并一味地扩充城市轮廓，而将城市规划的发展重点放在了土地利用面积的扩大。《伊春市城市总体规划（2001—2020）》提出的伊春市 2005 年人口 133 万人，将在 2020 年突破 140 万人，但是早在 1990 年，伊春市就已经出现了人口负增长的现象，这一城市总体规划显然与伊春市的城市发展现状不符，甚至与城市的实际运行状况完全背离。在第六次的人口普查中，伊春市的人口是 115 万人，相较于 2005 年的数据有明显的下降趋势，但是即便数据明显表明了这一现状，伊春市的城市规划仍以扩充城市面积为主。之所以出现此种类型的规划，主要可以归结为以下几方面原因：首先，地方政府忽视伊春市的城市收缩现状，背后隐含着政府不愿承认城市收缩的想法，担心城市收缩是政府管理水平低的直接体现，基于个人利益的立场不愿影响个人仕途的发展；其次，人口的规模与城市用地规模相关联，政府期望通过扩大城市建设用地规模获得更多的财政补贴，增加土地财政收益；最后，政府各个层次衔接不利，高层的政府对于下层提交的规划未进行严格的审核检查，忽视规划制定过程中的数据失实的问题，造成城市规划报告不合理。《伊春市城市总体规划（2001—2020）》提出扩大中心城区规模的想法，本应将伊春市周边的翠峦区和乌马河区并入，从而将三个原本空间上不相接的城区规划为中心城区，进而使得伊春市的城市基础设施得以完善，城市功能得以优化，公共服务水平得到提高，结果却是严重背离了城市规划的基本要求。

6.2　伊春市的城市收缩现状与特征分析

城市是人口分布最为密集的区域，集结了各种复杂而紧密的个体，其特点在于诸多要素资源的空间集聚（张明斗、冯晓青，2018），城市人口规模的变动将影响城市空间的拓展以及城市经济的发展。通过对伊春市的城市现状以及资源产业的发展状况了解，并且与黑龙江省以及全国的数据进行横向对比，可以明显地看到伊春市目前出现了城市收缩的现象，具体可以从人口、经济、土地三个重要维度加以考量，初步归纳出伊春市的城市收缩基本现状与特征。

6.2.1　伊春市人口收缩特征

通过黑龙江省、东北地区乃至全国的人口规模和密度的比较可以发现（见表 6－1），伊春市总人口数量出现持续下降的趋势，城市收缩现象十分凸显。我国人口统计数据表明，伊春市人口总体上呈现持续性流失，人口城市化虚高，发展动力不足。伊春市人口的绝对规模明显低于黑龙江、东北地区以及全国的水平，并且呈现出强烈的收缩现象。通过比较发现，伊春市总人口减少 8.84%，2010 年的数据中伊春市的总人口密度仅仅达到东北地区的 21.02%，如此低迷的数据也从侧面反映出伊春市总体的经济发展水平落后，城市发展动力严重不足，经济活力缺乏，阻碍了伊春市未来的经济发展以及社会水平的提升（于婷婷等，2016）。

表 6－1　伊春市人口规模和人口密度指标与黑龙江省、东北地区、全国对比

范围	人口变动率（%）	人口（人/市）		各行业总计人口（人/市）		人口密度（人/平方公里）	
		2000 年	2010 年	2000 年	2010 年	2000 年	2010 年
伊春市	－8.84	1249621	1148126	46742	44983	40	38.75
黑龙江省均值	5.42	2787506	2947230	144090	143701	93	93.34
东北地区均值	4.25	2912894	3042031	130284	156735	179	184.26
全国地区均值	7.14	4024794	4346436	219693.2	233299	426.76	428.34

资料来源：笔者整理所得。

其次，伊春市人口结构老龄化严重，按照国际标准，当人口出生率低于15‰时，即出现少子化现象，当人口出生率低于13‰时，为严重少子化现象，20世纪90年代，伊春市的人口发展经历了稳定的增长阶段，这一时期伊春市绝对人口数量不断上升，自2000年以来，伊春市的人口出生率以及人口自然增长率不断降低，维持在较低的数值，这一时期伊春市完全面临严重少子化的社会困境。2006年开始，伊春市人口发展进入了新的阶段，开始出现负增长，城市总人口数值也不断下降。从伊春市1990～2017年人口数据变化的情况可以发现，表现形式相对多样化是伊春市整体人口规模下降的显著特征，主要呈现出两种重要的表现类型：地方人口的外迁以及人口自然减少，并且这一过程存在阶段性特色。首先，伊春市人口收缩最初表现为人口持续的外迁，伊春市经济发展水平低下，对劳动力的吸引力不足，大量林业工人外出务工，劳动力人口数量急速下降。同时需要意识到的是，由于城市发展过程中必须遵循优胜劣汰的基本原则，基于这一基本原则，伊春市外出的转移人员基本为比较优秀的人才，这也对伊春市的人口结构产生不利的影响，长时间的人口减少导致伊春市人口结构发生变化，可用劳动力外流严重，生育年龄人口减少，导致伊春市人口自然增长率逐年下降。自2007年起，伊春市人口综合增长率开始高于自然增长率，人口规模下降模式发生转变，即人口自然减少逐渐取代人口外迁，人口结构性失衡的后果愈发突出。再加上大城市利用就业、收入、子女教育、医疗卫生服务、社会文化环境等方面的优势，为外出求学及务工人员提供了更多机会，使得很多年轻人选择在大城市发展，导致劳动力人口回流比例过低。最终随着人口自然增长率的下降，城市内的老年人口规模逐渐扩大，人口老龄化随着老年人口内部的变动进一步加剧，高龄老人、失能老人、慢性病老人逐渐增加，无子女老人和失独老人逐年增多，空巢老人的规模迅速上升。伊春市老龄化的城市人口结构愈发严重，导致城市活力严重不足，而养老体制的不健全，又加大了社会负担，对城市综合发展产生极为不利的影响。

6.2.2 伊春市经济运行特征

伊春市地处大兴安岭，拥有中国最大的国有林区，是我国最为重要的森工城市之一。"十一五"时期（2006～2010年），伊春市经济呈直线上涨态势，国内生产总值五年增长82%，年均增长率达12.7%，比同时期的黑龙江省平均增速高0.7个百分点，使伊春市的经济发展达到了一个高潮。"十二五"时期（2011～2015 年）伊春市经济转型调整，由于工业转型发展，工业经济呈倒"U"形发展态势，其经济增速达到历史高点后开始回落，从而使生产总值开始低于黑龙江省以及全国均值水平，经济发展动力严重不足。至此伊春市经济活力逐步不明显，经济水平整体处于低位状态等待转机。比较伊春市的产业结构可知，伊春市目前的工业化水平尚未达到全国平均水平，仍处于工业化发展的初级阶段，并且工业化发展的水平与伊春市城市化水平严重不符，长期滞后于城市化水平，难以推动伊春市的城市就业水平，由于工业化发展水平低下，无法有力推动城市化发展并为其提供足够的动力支撑。近年来，政府出台一系列保护天然林的相关政策以及国内外大部分商品价格暴跌现象地出现，导致伊春市经济增速放缓，乃至出现连续三年的负增长，城市经济发展效率的低下直接影响到城市居民的生活质量水平的提升，造成人口流失。作为城市建设起步较早的资源型城市，伊春市的城市产业结构中，第一产业的比重仍然较高，城市产业结构落后无法推动经济可持续发展。劳动力和资本作为城市发展不可或缺的流动要素，城市劳动力外流、就业人口流动剧烈、生产力与生产资料不匹配等现象的增加，造成了城市住房闲置和城市空间浪费的现象。城市经济结构尚在转型，但长期缺乏经济增长动力导致地区间发展不平衡，经济水平低下，最终表现为城市内部的收缩现象。

同时，将伊春市的经济发展水平与同时期黑龙江省、全国均值相比较明显发现（见表 6 - 2），伊春市的经济水平相对偏低，伊春市在 2010 年的时候，人均地区生产总值仅为黑龙江省均值的 53.58%，为东北地区的41.16%、全国水平的 48.51%，经济水平的增速低迷反映出伊春市本地收益创造能力低下，劳动力水平不高；而地均地区生产总值仅为东北地区的10.59%，意味着伊春市单位土地面积下的经济产出效率较低。伊春市人均固定资产投资水平仅为东北地区的 35.89%，远低于东北其他地区的投资水平，这说明伊春市的投资动力严重不足，难以有效带动伊春市相关产业的发展转型以及提高其升级速度。然而，伊春市在 2010 年的财政支出水平却达到地区生产总值的 25.34%，高于东北地区均值，这反映出伊春市当前的经济发展状况对财政收入的依赖性较高，自身经济发展动力仍旧严重不足。

表 6 – 2   伊春市经济、财政和投资指标与黑龙江省、东北地区、全国对比

范围	人均地区生产总值（元/人）		单位面积地区生产总值（万元/平方公里）		预算内财政支出占地区生产总值比重（%）		人均固定资产投资（元/人）	
	2000 年	2010 年	2000 年	2010 年	2000 年	2010 年	2000 年	2010 年
伊春市	5481.21	15946.49	22.17	61.8	5.94	25.34	891.00	8053.32
黑龙江省均值	9495.47	29762.95	88.25	277.8	3.71	10.35	1932.01	12078.3
东北地区均值	7958.28	38738.96	118.08	583.4	6.65	10.68	2091.71	22438.8
全国均值	8262.01	32867.77	263.89	913.2	4.05	17.33	1940.73	21784.3

资料来源：笔者整理所得。

6.2.3 伊春市土地拓展特征

通常情况下，城市的人口规模与城市空间是相辅相成的，城市人口规模的逐步下降将从根本上降低城市空间的扩张性，这将在很大程度上弱化城市空间的内在需求，城市空间扩张的压力也会得到缓解。但是根据伊春市的城市发展规划来看，可以发现伊春市这样的收缩城市呈现出来的社会土地拓展特征主要体现在两大层面：一是城市总人口持续下降，人口密度降低，劳动力流失；二是城市建设用地仍然在不断地加以扩张，城市空间规模进一步扩大，从而造成了人口流失与空间扩张并存的不利局面。通过伊春市人口变化情况发现，虽然是以不同的标准对各区县市的收缩程度进行评价，得出的结果也有所不同，但伊春市整体的收缩格局仍属于人口全面下降的全域型收缩。

伊春市土地拓展特征体现出该城市自身存在着土地资源利用的问题，土地的集约化程度较低，利用效率不高，这与伊春市的地理环境密切相关。伊春市拥有丰富的森林资源，林地在城市各类用地中约占 85% 以上，耕地面积不足 15%，少数的耕地面积无法形成规模化利用，难以达到规模经济，因此也难以制定出合理的措施加以保护，而且嘉荫县和铁力市占据了大量的耕地面积，且这两地的土壤肥力又呈现出逐年下降的趋势；其他地方耕地面临着布局分散、土壤质地差、开发难度大的现实困境，且多分布在河流沿岸和沟谷地带，故需要修建大量的水利工程设施，无形中加大了伊春市土地利用效率的难度。总而言之，土地利用效率偏低，地均产值不高成为伊春市面临的现实困境。当然，由于"天保工程"的实施，以林地为主体的土地利用方式决定了市域土地利用的人均产值偏低。

另外，伊春市的城市空间结构不合理问题也逐渐突出。随着伊春市的城市化进程加快，出现了质量与数量严重脱轨的现象，城市化水平质量偏低且存在较明显的空间特征，即存在市区城市化率较高与城市建设低密度并存的局面，导致伊春市的城市化水平不高，发展质量严重滞后；在空间维度上，伊春市的城市化水平存在极大差异。从市辖区的建设质量来看，中心区的各项发展相比于其他市辖区而言较为完善，且其他市辖区的基础设施建设水平较为低下，如城市交通、供排水系统、城市防灾规划建设远低于黑龙江省平均指标，在基础设施方面，城市居民的人均享有率普遍较低。而大部分小城镇基础设施建设基本上与村庄水平相当，难以达到市辖区的水平。自 2000 年以来，由于伊春市特殊的空间布局，其行政区划分并无发生明显的变化，伊春市呈现出较为分散的城市布局，城市建设用地呈上升趋势，但上升幅度并不显著。随着新区的兴建速度加快，城市低密度的向外扩张，城市内部产业向外转移和劳动力区域性地外迁，进而使中心城区土地利用结构发生较大变化，造成伊春市内不断衰落的中心区与城市外围地区并存的现象。在城市扩张发展的同时，表现出市内住房空置、公共设施荒废等现象，这种城市紧凑度下降，城市中心区形成穿孔式收缩的情况，会导致城市基础设施浪费，人口集聚性较弱，城市活力不足。

因此，伊春市在城市化进程中对城市建设用地做出的调整存在严重的矛盾，且给城市的空间形态带来不利的影响。在中心城区城建用地空间分布上，伊春市的紧凑度下降明显，进而造成城市较低的土地利用率，以及较为脆弱的城市空间引力。城市紧凑度降低，即城市空间集中程度下降，城市产业以及人流、物流、信息流布局更为分散，经济活动和社会联系成本明显增加，资源整合利用效率降低。我国土地资源稀缺，城市的紧凑度作为城市重要的影响因素之一，彰显出显著地功效，既可以促进城市建设用地集约发展，调控城市土地资源的合理利用，也能够为实现自然生态环境的可持续发展贡献力量。伊春市土地资源的粗放式利用严重影响土地生产总值的提升，难以达到可观的收益水平。

6.3 伊春市的城市收缩成因分析

城市是一个密集的区域，集结了各种复杂的个体。城市发展过程中的阶段性变化可以通过城市内部的各个环节予以体现；反之，这种明显的阶段性变化也是由城市中的多方因素共同引发。对于伊春市的城市收缩特征，在前文已从人口、经济、土地三个层面进行归纳概括，而之所以出现人口流失、经济萎缩、土地规划不当的原因则可以从伊春市的城市发展各个环节寻找原因（刘春阳等，2017），主要归结于以下五点。

6.3.1 劳动力外流与人口老龄化

20 世纪末以来，伊春市的人口开始出现大的结构性变动，由于城市发展经济动力的不足，劳动力流失严重，再加上城市内育龄人口数额大幅度下降，人口自然增长率开始出现负增长的趋势，开始由人口外流为主的减少逐渐转变为人口自然减少，城市人口结构越来越不乐观，劳动年龄的人口规模直线下降，"人口红利"逐渐消失，给城市经济发展带来不可逆的后果，导致城市经济发展动力严重缺失，人均地区生产总值下降甚至低于黑龙江省以及全国平均水平（杨东峰等，2015）。同时，伴随而来的还有人口老龄化的严重形势，伊春市各地区的人口老龄化率高于黑龙江省以及全国平均水平，尤其以伊春区为中心的城市西部和中南部分布十分明显，区域内老年人口呈现不断上升的趋势，严重滞后了该地区经济总值的提升速度。在人口结构的组成中老年人口比例逐渐攀升，青壮年人口比例不断下降，加剧了人口老龄化的严峻性。伊春市相对集中的人口分布造成老年人口过度集聚，政府财政压力加大，社会负担加重，经济发展动力不足，地区发展不平衡，城市竞争力下降，进一步加剧了城市的空心化。

另外，一个城市的经济发展水平，基本是由城市内劳动力、人力资本以及全要素生产率共同所决定，而劳动力、人力资本以及全要素生产率的变动则与城市本身的人口结构密切相关。所以，人口结构的变动将对城市经济发展产生重要的影响，是城市经济发展的重要指标。首先最直接的影响就是城市潜在就业量将会受到劳动人口数额变动的影响，劳动人口的减少将直接减少城市就业人数，进而影响到城市经济的潜在增长率。

随着伊春市整体劳动人口的外流，劳动力市场上劳动力的供给呈现出不断减少的趋势，人口流失问题加剧。这一变化导致了劳动力市场不均衡现象的发生，由于供不应求直接引起劳动力成本的逐渐上升，而目前伊春市的产业组成中劳动密集型产业的占比仍然非常大，劳动力成本的变化无疑对这些行业的企业带来很多问题，增加企业经营负担，使劳动力市场的均衡水平受到影响。人口流失现象使得伊春市的人口结构逐渐畸形化，就业率和自然失业率逐渐偏离原有水平；此外，由于受人口抚养比上升与储蓄率下降等多方面的影响，伊春市的资本投入水平及资本形成率下跌进而导致经济的潜在增长率必然降低，城市发展的竞争活力渐趋微弱，对劳动力的吸引力进一步削弱，城市人口流失的问题愈发严重。不断恶化的人口结构通过劳动力市场以及资本形成等途径显著影响了伊春市人口总量的变化，进而导致了城市收缩现象的产生和深化。这也是目前伊春市出现城市收缩显著特征的重要原因。

6.3.2 资源危困与环境恶化

通过伊春市的城市发展历程可以知道，伊春市主要是以林业为主的资源型城市，然而自 20 世纪 90 年代开始，伊春市逐渐出现了林业资源以及资金匮乏的双重危机，同时伴随而来的还有林区过度开发生态资源、森林湿地面积大幅减少、幼林和次生林规模庞大、环境自我调节能力弱化、草场分布不平衡等生态问题，严重影响了伊春市的城市生态环境以及生态资源的可持续发展水平。再加上早期森林资源的大量砍伐，伊春市林区的森林覆盖率已经大幅降低，资源的开发利用的速度已经远超过其自然恢复力，致使其天然动植物资源急剧减少，严重影响了伊春市整个区域内的生态可持续能力。

21 世纪以来，伊春市政府逐渐意识到这一问题的严峻性，开始严格控制林木资源的开采，并实施了"天保"工程（华景伟，2007），禁止林区砍伐，取消人为加快林木资源再生速度的大规模造林活动，转而采用科学的自然生态恢复措施促进森林生态系统的自我恢复。在一系列以科学理论为依据进行的保护措施下，伊春市林区自然资源的规模显现出恢复迹象，森林覆盖率也逐渐回升。但就经济水平而言，伊春市仍需加快转型发展进程，林木行业就业人数远高于其他行业，难以进行全面的整改与调整，如何永续的利用相关生态资源仍然是伊春市需要解决的难题。现阶段伊春市的经济发展受制于资源和生态环境问题，如何实现城市经济环境的协调可持续发展模式尚未形成良好的运行机制。较差的经济发展前景导致伊春市人口流失程度加深，尤以青壮年人口居多，人口结构日趋畸形，影响社会生产总值的创造。同时，在资源枯竭的形势下，伊春市内与林木相关的企业都不同程度地受到了影响，林业就业人口大幅下降，收入水平也不如以前，行业整体陷入不景气的危机。伊春所辖的各林区产量大幅缩减，林木行业面临转变生产方式的困境，在林木业以及与之相关的辅助行业就业的人员收入明显下降。进一步地，收入下降促使城市居民减少在服务业如餐饮、零售等行业的支出，第三产业也会受到影响，阻碍了伊春市的经济发展。在这样的行业环境下，伊春市关于就业的社会矛盾日趋严峻，就业形势的变化波及伊春市大部分劳动力，出现大量待业的人员难以得到妥善的安置，甚至难以保障基本生活水平，劳动力市场整体出现不均衡的状况。

面对这种情况，伊春市的劳动力开始外出寻求新的就业机会，外出务工人员的比重不断加大，就业人口逐年减少。伊春市经济越来越缺乏活力，经济下行的压力逐渐增大，结构调整阵痛显现（张泱，2007）。据统计，2011年伊春市减少了100万立方米的木材主伐面积，地区生产总值增速下跌至8%；2014年在国内外经济环境的双重制约下，伊春市政府正式禁止获取商业收益的森林采伐，随之而来的是第二产业产值严重萎缩，经济增长速度大幅下降，农业在经济中的比重迅速上升，伊春市的经济转型进入深度调整期。从城市的空间结构来看，伊春市的人口分布比较集中，大部分居民主要生活在以绥佳和汤林为依托的交通设施密集地带，工业发展停滞严重影响了伊春市的综合运输通道。综合以上各个层面的分析可知，伊春市整体经济的发展比较平衡但发展水平偏低，人口缓慢向区域发展主轴集聚，城市主体出现明显的收缩特征。

6.3.3　国家战略转移与规划不当

1953年，我国大力扶持东北的重工业建设，重工业建设成为我国经济发展的主要目标。到了1969年，中苏关系破裂，东北地区的安全形势严峻，我国的国家战略规划进行区域转移，重工业产业逐渐向西南等相对安全的地区转移。东北地区与朝鲜、俄罗斯接壤，同时与韩国、日本等国家的距离比较接近，出于政治考虑，东北地区不再适合发展工业制造业等涉及国家总体经济安全的产业，原有的工业优势丧失，缺乏国家战略层面的扶持，工业发展逐渐被搁置。改革开放之后，我国开始进行市场经济的建设，选择优先发展沿海地区，以沿海地区作为新的市场经济的试点地区。东北地区由于地理位置处在内陆，从交通、人力及自然环境等多方面考虑都不具备开放优势，阻碍了东北地区的转型发展。在改革开放的进程中东北地区也没有得到国家层面的战略扶持，各部门对东北地区的专项投资较少；此外，出于战略安全的考虑，东北地区作为我国最重要的粮食主产区，其粮食价格以低于实际价值的价格进入市场，导致东北地区农业收入难以提升，生产总值增速疲缓。长期以来我国的经济增长主要依靠资源优势，投入产出比偏低，消耗了大量自然资源，同时对环境保护的认识不足，企业随意排放废气、废水等污染物，政府的监管不到位。粗放式的开发方式给我国生态环境带来巨大的压力，并引致了不可逆的影响，可持续发展路径受到严重阻碍。伊春市长期依靠自然资源发展，其中作为城市工业发展的支柱产业，森林工业消耗了大量的森林资源。随着近年来我国经济发展方向的转变，产业结构的转型升级，国家更加重视新兴战略性产业，其地位渐渐取代原有资源型产业，国家战略的不断转移导致伊春缺乏政策性的支持引导以及有利的发展环境，经济发展不断滞后，人口流失加剧，城市总体收缩严重。

从城市用地规模方面来讲，城市人口集聚必须依靠城市合理的规划引导。但是纵观伊春市 2010 年公布的城市规划方案，并没有基于伊春市的城市发展现状出发，而是跟风近年出现的新城建设运动，在缺乏理论依据的基础上盲目规划类似的建设项目，导致有限资源的浪费、城市的无效扩张，甚至形成了"鬼城"等现象（聂翔宇等，2013），这是完全违背城市规划的合理性与科学性的规划行为。由于林场的分布位置分散，依靠木材加工业发展经济的伊春市形成了内聚型的空间结构，所辖的区域数量众多且布局分散。这样的城市布局并不利于伊春市改变经济发展模式，必须根据其社会发展结构进行适时的调整。在城市中心地区实施的新城建设项目从实际效果来看，并没有达到预期的"四区联动"效应。相反地，该项目使得居民从中心地区扩散到周围而基础设施的建设却并未同步，局部收缩愈发严重；资本集中度降低，城市功能的布局分散，管理缺乏效率。伊春市的城市建设缺乏有效约束，难以有效发挥城市集聚作用，经济发展持续滞后。

6.3.4 市场体系不健全

改革开放以前，我国实行计划经济体制，经济发展的重点主要集中于重工业的建设，国家从战略层面给予东北地区政策发展的优势条件；随着改革开放的推开和深入，市场经济的热潮出现，政策导向偏向南方及相关沿海地区，东北地区经济失去优势，区域内经济发展动力严重不足，集聚效应减弱，对于劳动力和资金的虹吸效应下降，经济发展增速受到严重影响。伊春市的产业结构单一、整体经济缺乏多样性，主导城市经济发展的矿产开发及冶金建材业与木材加工业在改革开放背景下均受到较大冲击，第二产业产值大幅下跌。在开放经济下伊春市的资源优势逐渐消失，工业经济发展呈衰落趋势，原先以木材、钢铁行业为主导的工业经济模式暴露了地区之间发展不均衡的态势，不同市县的经济发展水平出现明显差距；第三产业在经济中的比重虽然稳步上升，但主导产业发展的服务行业发展缓慢且存在诸多管理上的弊端，缺少高附加值产业支撑第三产业发展，导致伊春市整体经济下滑。而且因为实行"政企合一"政策，伊春市仍然偏重于中低端的传统型企业，经营产品多为进行初级加工的原料型产品，城市内的企业单一，产品的需求与供给产业链简单，同时深化专业化和分工程度的社会基础条件薄弱，产业的技术创新水平偏低，企业缺乏自主创新的研发能力，产业链的源头——原料供应一旦出现断层，城市的经济运行必然受到严重影响。在市场经济主导的经济体制下，企业严重缺乏市场意识，相互之间没有形成紧密联系的竞争合作关系，导致整体经济的运行效率低下。此外，伊春市长期实施"政企合一"政策导致政府部门的市场意识偏弱，城市基础设施的建设远落后于不断增长的需求，阻碍了第三产业的发展。森林工业等基于资源优势的行业依然是伊春市经济发展的支柱产业，国有企业在该行业中占主导地位的结构相当程度上阻碍了形成多元化投资环境的进程。正是因为长期以来的经济环境使得伊春市的金融体系存在很大的不足，市场风险管理水平、内部控制需要进一步加强，金融基础仍然薄弱，治理机构不够完善，市场竞争行为尚不规范，不利于伊春市企业的融资，因为任何一次兼容、并购都需要一整套完善的金融体系进行规范运作，因此，提升伊春市整个城市的市场化程度还必须构建广泛性、多层次、协调运作的现代银行金融体系，健全市场机制，提升市场运行效率，才能为伊春市的城市经济转型发展奠定基础。

6.3.5　"去工业化"与"逆城市化"

计划经济时期，国家通过为林业工人提供丰厚的待遇从而吸引众多本地以及外来人员从事林业开采的工作，为他们提供城镇户口，极大地增强了伊春市对于劳动力的吸引力，一定程度上大大提升了伊春市的城市化水平。但是随着国家政策的转移，伊春市的经济发展水平已经与这种高度的城市化水平严重脱节，当前的经济水平难以满足伊春市大部分工人的生活需要，工人开始相继选择离开伊春市，去其他地方寻找就业机会。同时，由于伊春市的城市化率已经达到了80%，对于周边地区劳动力的吸引力严重受限，甚至无法像相同发展水平的中西部地区一样借助中心城市的发展优势吸引周边地区的农业人口迁移。

目前，伊春市的经济发展水平与其城市化水平已极不匹配，伊春市的高城市化率与其增速长期疲缓的经济水平日渐矛盾，并出现了独特的"退二进一"与"逆城市化"现象（高舒琦等，2017）。森林工业及钢铁冶炼业的衰退加速了去工业化的进程，同时政府部门大力支持发展"林下经济"的模式，使伊春市的农业迅速发展成为主导产业，大量的城市居民退出原就业行业，如林木采运业、木材加工业，更多地进入菌类、禽类养殖等农业相关行业工作。

6.4 伊春市城市收缩规划建议

收缩城市的研究与改善已经成为未来城市发展中需要关注的重点问题。伊春市的城市收缩已经成为一个不可否认的事实，经济学者以及相关社会学者通过伊春市的人口变动、经济运行等指标，已经充分探究出伊春市的城市收缩表象，并通过表象特征深入剖析了伊春市的城市收缩内因所在，这就需要我们深入把握伊春市的城市收缩症结，在未来的建设过程中规避问题，从整体上推进伊春市的城市建设，缓解城市收缩的现象发生。

6.4.1 规范城市建设，找准城市定位

城市规划作为城市科学合理建设和发展的前提，成为政府部门理性发展城市的调控手段，具有鲜明的战略性和前瞻性两大特点；对于战略性而言，规划往往是从顶层设计层面出发，对城市进行长远的引导和谋划，体现出宏观发展的全局意图；对于前瞻性而言，规划具有超前于建设的预测性和预见性，体现出宏观发展的引导意图。在城市规划的过程中，规划理念和思想是实现合理规划的重要保障，也即意味着有什么样的规划理念，将会产生什么样的具体规划。因此，城市规划首先必须明确城市基本定位，这是合理规划城市建设的首要任务。我国已经进入快速发展的重要阶段，众多城市开始追求发展的步伐，以发展为要务，以城市经济增速为目标，视效率为城市发展的重要价值准则，于是在城市建设与发展的具体实践中出现了诸多的现实问题，城市建设无序蔓延，城市外围空间迅速被占领，城市出现"摊大饼"式的发展机制，而这样的后果就是资源利用低效率，城市建设基本定位开始趋于模糊。事实上，城市建设必须具备严格的科学依据，不能过度重视人本主义思想而漠视自然，而是要保持足够的生

态敏感以及生态努力，从城市本身出发制定合理有效的城市规划。

伊春市位于东北地区中的西北区域，本身拥有着优越的自然条件及其内在的资源优势，也恰恰是这些条件和优势决定了该城市发展较为适合建设以第一产业与第三产业为主的产业结构，事实上通过伊春市近些年的城市发展历程以及现状可以看出，伊春市的城市发展规划应进行及时有效的调整，适合发展成以山林产品的综合开发利用、生态旅游为主的综合性城市和生态园林城市，切实建立起生态导向的价值观念，充分利用伊春市本身涵盖的生态资源，基于生态保护的角度进行资源利用与产业深化，以"中国林都"与"冰雪产业"作为其特色招牌，开拓黑龙江省内市场乃至国内市场，打造伊春市新的经济增长点，提升伊春市的吸引能力。对于城市人口的预测应当更为符合实际，在发展现实的基础上不应忽视城市人口收缩的发展状况，应基于此现状进行城市各项规划；同时，由于收缩城市的人口预测难度较大，对于规划项目来说就需要拥有更为客观的数据作为支撑条件，这从另外一个方面也能够反映出，规划效果需要更为密集的评估，必须严格把控城市各项指标的测度。倘若规划预测脱离实际，甚至超出一定比例时，此时就需要在综合考量城市发展实际的现实下，通盘进行新一轮的规划调整。

6.4.2　发展绿色经济，实现生态化建设

"五大发展理念"指导下的绿色经济发展作为一种新型的发展模式，也逐步被社会各界高度青睐，它所关系到的不仅仅是经济发展的质量问题，而是影响到整个国家人类的福利水平。这也彰显出发展绿色经济成为各个地区和城市经济发展中的重要关注点。近年来，绿色经济成为我国实现可持续发展的重点，转型绿色经济首先要制定绿色发展战略，之后则需要将"加快发展"理念转为"科学发展"理念，在可持续发展的框架理念下，将生态效益、经济效益、社会效益进行有机的结合，最大化统一协调，制定兼顾当代人与后代人的可持续的经济发展模式。

伊春市由于本身所具备得天独厚的地理位置以及资源条件，应紧紧跟随新的经济发展理念，坚持生态为本的发展思想，要摒弃传统的国民经济核算方式，可考虑将自然资源的生态系统服务价值系统性纳入该地区的绿色国民经济核算账户当中，不但能够真正反映出伊春市的经济发展状态，而且也能够全面削弱经济发展对资源消耗的过度依赖，通过对自然资本投资达到生产要素的可持续利用；在具体的发展中要坚持以效率、和谐、持

续为发展目标，以可持续发展为基本原则，构建以生态农业、循环工业和持续服务产业为基本内容的经济结构体系以及低投入高产出的经济增长方式，并逐渐形成一套科学的城市绿色经济发展质量的评价体系（李英等，2013），努力将伊春市建设成为资源节约型、环境友好型的两型城市，实现一种新型的人和自然和谐共处，经济与环境协调发展的经济发展模式，达成经济效益好、资源消耗低、环境污染少、人力资源得到充分发挥的新型工业化城市。对于资源型企业要进行严格的污染排放把关，严格把控资源开发力度，降低资源开发利用对环境的污染与破坏，加强环境管理，政府严格审核企业资源开发过程，应当鼓励政府、企业之间的协作，推动政府出台生态环境保护措施，推动企业在资源开发过程中重视环境保护问题，建立绿色 GDP 考核制度，加强企业及政府对环境保护的意识。建立完善的奖惩制度，对于表现积极且能够配合政府的企业进行适度的税收优惠，有效降低公司运营负担。同时，实施绿色基础设施的策略也已经被部分发达国家所采用来解决一些现实问题，如美国解决"锈带"城市问题就是此方法的合理运用，绿色基础设施可结合工业区再开发或再利用。实施绿色基础设施的建设也能够在减少伊春市洪水的危害以及节约城市管理成本方面产生作用，一方面，完善绿色基础设施能够提供便利的生产条件、交通运输条件以及通信条件等，从而降低贸易成本，吸引资本以及人才资源流入，推动伊春经济增长，缓解伊春的城市动力不足与人口流失；另一方面，绿色基础设施项目建设能够有效缓解城市生态环境的压力，降低经济发展、资源开发对城市产生的不可逆的影响。因此，伊春市建设绿色基础设施势在必行，其对社会环境的可持续性，地区资源的保护性以及城市建设结构的合理性具有重要的作用，有利于减少对生态的影响和破坏，促进伊春市发展绿色经济，实现生态化的建设（吴相利等，2006）。

6.4.3　紧凑城市空间布局，弹性规划城市用地

紧凑城市的建设作为化解城市收缩和实现城市精明收缩的核心手段，越来越受到城市规划界和城市经济学界的高度青睐。作为较为流行的国际前沿理念，紧凑发展成为深度化解城市人地矛盾的选择模式（程茂吉，2012）。紧凑城市的理念就是集约节约用地；全面提升城市土地的利用效率和利用质量，进而促进人地的协调进行，这是我国经济社会发展进程中所一直推崇的。在当前的城市发展过程中，各类城市都在无序的蔓延和扩张，导致我国的城市用地出现结构失衡和利用效率不高等问题，实际上城

市的发展需要合理调控发展边界，城市各项功能用地都应当紧凑布局，这方是城市发展的精明做法。所以，将紧凑城市发展理念全面应用到城市发展的过程中，并将居住用地与城市生活用地、生产用地、公共设施用地等紧密衔接，鼓励高密度发展和立体化发展，深度开发城市土地的立体空间，以此来有效满足城市交通需求，科学高效的减少能源消耗，进而创造多样化、充满活力的城市生活（方创琳等，2007）。

伊春市位于小兴安岭山脉中段腹地的汤旺河畔，南北山峦对峙，连绵起伏；地形由低山和平原组成，地势西高东低，属于大组团、多丘陵城市，地形特点决定了伊春市适用于紧凑模式的空间布局，再加上伊春市具有发展旅游型山水园林城市的独特的地理和气候环境。建议伊春市进行科学合理的城市规划设计，在伊春市城区与乌马河区、翠峦区之间尽量留出城市备用空间，合理规避无休止地进行城市规模的扩张，严格把控城市扩张范围，避免盲目进行房地产开发，应在这些区域建设各种绿色环保的休闲设施，完善生态为本的基础设施的建设，开展有特色的园林公园、动物乐园，尽量恢复原生态的自然风貌，保护自然环境的基本面貌，建立有特色的人文景观，提升伊春市对外的吸引力。用这种自然绿色的生态环境把伊春区、乌马河区、翠峦区连成一片，打造出独具特色的绿色环保的园林大城市。伊春市通过集约精细化的城市发展策略能够有效规避城市的非正常收缩，从顶层设计到具体执行方案，一整套的精细化策略能够高质量提高核心区的密度、全方位降低城市边缘的密度，能够将有限的资源禀赋进行集聚于中心城区，拓展中心城区的资源使用水平和利用效率；同时，这种资源的中心集聚也能够为核心区域的基础设施建设提供支撑和动力，进而带动核心区域的基础设施建设水平和利用效率，能够系统性加强城市布局的紧凑和功能的多元化，增强城市的弹性水平，避免盲目扩大城市范围造成的建设浪费，以及城市非正常收缩的发生（陈有川等，2007）。

6.4.4　重视林下经济，开发冰雪产业

伊春市本身就是林业主导型的城市，因地制宜地发展林下经济才能够有效的改善伊春市的经济落后局面，重新激发经济活力，一旦经济发展形势回转，就一定会提升城市的吸引力，实现人才回流。所谓林下经济是以林地资源和森林生态环境为依托，发展起来的林下种植业、养殖业、采集业和森林旅游业。这一经济产业是通过合理种植适合林下生长的菌类以及

动植物种类来加速构建高效稳定的生态系统，从而促进林业系统的多样化发展。对于伊春市来说，发展林下经济需要政府和市场的完美结合，政府应在宏观调控方面继续发挥优势，基于前瞻性的规划理念，全面制定科学统筹的发展规划，给予林下经济相应的政策倾斜和政策导向，减少管理环节，树立优质的管理环境，为其全面健康可持续发展的实现提供宏观环境的保障；同时，还要全面发挥市场的作用，通过看不见的"手"合理配置资源，高效率吸引民间投资，促进能力建设，形成绿色、环保、生物多样性，促使林下经济得到可持续的高效率发展，成为伊春市经济发展的新动力。

传统的"钢、木"结构仍是伊春市工业经济结构中的重中之重，钢材和木材等资源型加工产业成为伊春市的支柱型产业，产值占比较高，工业发展大多依附于资源的优劣，因而伊春市不可避免地成为资源型城市。然而由于受到国际和国内环境的双重冲击以及国家宏观调控政策的影响，不仅使得工业企业遭受到无以复加的打击，更使得过度依赖资源发展的伊春市陷入高质量发展困境。由此可见，伊春市需要加快调整产业结构，大力发展特色工业园项目，如鹿鸣钼矿、永旺大豆、新能源电动车及三禾制药等，以工业与各产业高度融合发展为基础促进伊春市产业转型，提升工业发展活力，实现伊春市经济高质量增长。地处小兴安岭的伊春市，不仅山水环绕、植被茂盛、野生动物繁多，而且拥有广袤无垠的平原地区，山清水秀，景色宜人，优越的地理位置和得天独厚的自然环境是伊春市发展旅游业的强有力保障。因而伊春市可以以其特有的优势积极开发旅游业发展潜力，大力吸引全国乃至全世界的游客来此观光，塑造全新的伊春形象，打造特有的城市品牌。近年来，生活水平的大幅提升，加之有科学表明森林及其生长环境对人们生理和心理的养生保健大有裨益，因此人们不再一味的工作，转而更加重视养生，从而休闲养生逐渐成为公众生活的焦点，回归自然的呼声也日益高涨。伊春市政府应认识到森林度假养生产业的强大市场潜力，使之成为产业转型的实质性助手。伊春市的种种发展现状使其深陷经济滞后泥潭，因而急需摒弃盲目扩大城市生产规模等一系列不明智的举措，探索新的发展模式，积极打造适应伊春市各地区特点的各具特色的主题小镇，如养老小镇、冰雪小镇和教育小镇等。伴随着我国冬奥会的成功申办，冰雪产业的发展也将迈入一个全新的开始。许多城市开始积极推进青少年冰雪运动进程，不仅要求中小学生每周有一个小时的冰雪运动以强身健体，而且在中小学生体育达标的必修项目中增添了冰雪运动。种种措施的实施使得冬季滑雪运动一举成为大受欢迎的体育项目，而伊春市的冬季冰雪资源雄厚，滑雪项目的日益发展把冰雪产业推向一个需求高峰。降雪量大、雪期长和雪质优良等优势使伊春市逐渐成为人们赏雪、滑雪及玩雪的理想之地。冰雪小镇要以保障游客安全为宗旨，提供安全高效的设备及设施，提升服务质量；与此同时还可以为当地经济发展创造经济效益，提高餐饮、住宿及娱乐等服务业的发展。伊春市可以充分利用滑雪淡季检修运动设施并予以修缮，为来年的冰雪运动做到最大程度的安全保障；也可以在此时大面积栽种绿色植被，使其四季如画，美化特色小镇环境。

6.4.5　增强地区文化价值，重视伊春民俗特色

"伊春"在满语中的意思为"盛产皮毛衣料的地方"。伊春市历史悠久，拥有丰富的具有民族特色的文化和历史遗迹，是因其自宋金时期就是由少数民族来统治的，少数民族大多集聚于此地，少数民族人口约占总人口的3%。早在唐代以前，北疆少数民族就在此地劳动生息，伊春市的主要少数民族有满族、回族、朝鲜族、蒙古族及鄂伦春族等；其中鄂伦春族是我国人口最少的民族之一。伊春市独有的狩猎文化及其朴素、祥和的风俗民情使得众多游客慕名而来。"山核桃皮镶嵌制作技艺""东北大鼓（江北派）""鄂伦春族斗熊舞"已跃居省级非物质文化遗产之列。伊春市不仅有其特色的传统服饰如狗皮帽子羊皮袄，还有着东北地区共有的特色文化如小品、二人转。

因此，伊春市本身已经具备了众多独一无二的民族特色，基于这样的民俗风情，伊春市可以从地区文化价值出发，提升民族民俗文化产品吸引力，重塑民族文化价值，积极开发文化旅游产品，特别是具有民族色彩的产品类型，并以此来吸引和得到国内外旅游者的青睐，形成"买的走、记得住"的良好印象，并且通过不断的努力和塑造，把伊春市塑造成富含东北地区民风特色的旅游胜地，建设成为中国重要的度假推荐地，以此来提高伊春市旅游知名度，重新树立伊春市的城市新形象，打造、民族文化旅游品牌。在这一过程中也要积极创新宣传方式，拓展创新渠道，完善旅游市场的新管理，掌握旅游市场的新动向，在宣传中发展，在发展中宣传和开发。积极完善伊春市旅游市场秩序，相关职能部门要制定相应的法律法规，增强城市活力和城市认同感。

6.5 本 章 小 结

　　本章主要选取了伊春市这一东北地区城市收缩最为明显的城市进行全方位探究。首先，在对伊春市的城市收缩现象进行研究之前，主要从城市区位、城市发展状况以及交通这三个方面对伊春市的基本概况进行了全面描述。其次，对伊春市的城市收缩表象特征进行了归纳总结。再次，从五个方面对伊春市的城市收缩成因进行了分析。最后，通过探究伊春市的城市收缩原因，提出应对伊春市城市收缩的对策建议。从城市收缩的特征来看，伊春市人口、经济、土地都出现不同状态的收缩，城市人口大幅流失，自然增长率呈负增长趋势，经济发展动力不足，城市规划脱离实际，盲目扩充城市规模。从收缩的成因来看，伊春市的城市收缩原因主要概括为人口结构畸形、资源型城市衰竭、政策导向偏离、市场体系欠缺和"逆城市化"。根据这些原因，提出应对伊春市的城市收缩的规划建议，重点包括规范城市建设，找准城市定位；发展绿色经济，实现生态化建设；紧凑城市空间布局，弹性规划城市用地；重视林下经济，开发冰雪产业；增强地区文化价值，重视伊春民俗特色。以此来深度缓解伊春市的城市收缩现象，进而实现由不正常收缩向精明收缩的转变。

第 7 章　国内典型区域城市收缩的对比分析

在新常态下，为能够全面提升城市经济发展效率和城市经济运行质量，各城市也在对其自身的发展模式进行转型，以往的城市高速扩张时代面临终结，虽然全国范围内的大规模城市收缩尚未出现，但是局部收缩已经发生，对城市发展带来了深刻影响，这就需要客观认识新时期城市发展的新特点。然而，新时代的背景下，通过探索城市收缩空间层面的特点及其作用因子，进行科学合理分析各个区域发生的局部城市收缩，对于科学预测城市发展阶段、理性认识城市收缩有着重要的现实意义。因此，为更加明确东北地区城市收缩的特殊性，充分挖掘带有中国特色的城市收缩，探究其形成机制及科学内涵，本章试图选取城市收缩现象较为明显的长江经济带和成渝城市群两大区域，对比分析东北地区与这两大区域的城市收缩的异同点，以期为城市规划及未来城市经济发展提供相关现实依据。

7.1　长江经济带

长江经济带作为国家重点发展区域，其发展战略性和导向性不言而喻，其范围内资源丰富，农业、经济和技术基础雄厚，拥有着除海岸经济带以外的其他经济带所不能比拟的发展优势，因此长江经济带的未来发展潜力将是不可估量的（陆大道，2014）；但是长江经济带沿线城市和东北地区均处于整个大区域中收缩最为严重的区域（张学良等，2016），长江经济带城市收缩问题也引起越来越多学者的关注。张莉（2015）通过研究位于长江经济带上游的四川省人口外流现象发现，四川省城镇化水平从2000年的27%增加到2010年的40%，全省户籍人口从2000年的8402万人增加到2010年的8998万人，但是常住人口却表现为从2000年的8329万人减少到2010年的8042万人，随着人口外流现象的加剧，导致全省常住人口规模数量呈现出持续减少的态势。刘玉博、张学良（2017）测算了长江经济带中游的武汉城市圈的城市收缩程度，发现武汉城市圈内的城市大都表现出不同程度的收缩，仅有武汉市和鄂州市没有出现收缩现象，其发展呈现显著的单极化集聚发展趋势；而且发现虽然武汉城市圈人口规模数量持续减少，但是土地蔓延增长率依然维持在一个较高水平，高于湖北省和全国平均水平，表明了武汉城市圈的土地利用率可能存在下降的趋势。王振等（2016）则研究了长江下游长三角城市群的中心城市上海的收缩情况，发现 2015 年末上海市常住人口总数为 2415.27 万人，比 2014 年年末减少了 10.41 万，其中户籍人口数量与上年相比增长了 4.36 万人，减少的主要是外来人口，共计减少 14.77 万人，表现出明显的城市收缩现象。江苏的南通、常州、盐城等城市也处在收缩的状态（吴康等，2015）。长江经济带"一轴、两翼、三极、多点"的发展新格局，横跨我国东中西三大区域，包括上海、江苏、浙江、安徽、江西、湖北、湖南、重庆、四川、云南和贵州共 11 个省市在内，总面积约 205 万平方公里，覆盖 127 个城市，其以 20% 的国土面积集聚 40% 的总人口，贡献 40% 的经济产值（2014 年）（吴培培，2017）。而且长江经济带沿线已形成了多个城市群，既有长三角等发展较为成熟的城市群，也有黔中、滇中等发展相对滞后的区域性城市群，各个城市表现出明显的收缩异质性。在这样的社会背景下，需要对该话题展开全方位研究，通过与东北地区城市收缩的对比分析，更加有重点地展示出东北地区城市收缩的特点，以期为东北地区的城市精明收缩提供参照依据。

7.1.1　长江经济带城市收缩的空间分布

7.1.1.1　长江经济带城市体系的空间格局

依据 2014 年 9 月 25 日国务院发布的《国务院关于依托黄金水道推动长江经济带发展的指导意见》，长江经济带横跨我国东中西三大区域，包括上海、江苏、浙江、安徽、江西、湖北、湖南、重庆、四川、云南和贵州共 11 个省市的 110 座地级以上城市，面积约 205 万平方公里，占全国的 21%，人口和经济总量均超过全国的 40%。根据 DMSP/OLS 夜间灯光影像数据，长江经济带城市分布呈现出以"巫山—雪峰山"为界明显分为长江中下游平原城市群和四川盆地—云贵高原城市群两个大的城市空间分布区域；以上海—南京—杭州为中心的长三角城市群、以武汉—长沙—南昌为中心的长江中游城市群、以重庆—成都为中心的成渝城市群、以昆明为中心的滇中城市群四个城市密集区以及一个次级城市群—黔中城市群；主轴是由上海、南京、武汉、重庆四个特大城市和沿江城市组成的长江干流沿岸城市带；次轴是由沪昆铁路沿线的上海、南昌、长沙、贵阳、昆明和沿线城市组成（张超等，2015）。2016年9月《长江经济带发展规划纲要》正式印发，确立了长江经济带"一轴、两翼、三极、多点"的发展新格局。其中"一轴"是指以长江黄金水道为依托，构建沿江绿色发展轴；"两翼"是指依托于沪瑞运输通道的"南翼"和依托于沪蓉运输通道的"北翼"；"三极"是指以长江三角洲城市群、长江中游城市群、成渝城市群为主体，发挥其辐射带动作用，打造长江经济带三大增长极；"多点"是指发挥三大城市群以外的地级城市的支撑作用，建设特色城市。总体来看，长江经济带经济重心的不断东移，长江经济带的经济发展导向逐步以下游长三角地区为主导，空间发展差异和集聚效应显著，但是经济发展较快的区域对于发展落后区域的辐射带动作用不够明显（白永亮等，2015）。

7.1.1.2　长江经济带城市收缩的空间格局

如前文所述，目前对于收缩城市目前仍旧没有统一的定义，此处依旧参照刘玉博、张学良等（2017）对于收缩城市的研究成果，本研究将中国的收缩城市定义为：在城市化过程中，地级及以上城市全市范围内常住人口的持续下降。综合数据可得性和准确性，参考张学良等（2016）的研究方法，本研究具体将长江经济带收缩城市界定为：第五次人口普查（2000年）和第六次人口普查（2010年）期间，长江经济带地级及以上城市人口增长率为负的城市，则称其存在城市收缩现象。与西方国家不同的是，中国仍处在城市化率快速上升阶段，与此同时所呈现出的城市人口流失现象还为增长的主流忽视（龙瀛等，2015）。本研究利用"五普""六普"期间长江经济带110座地级及以上城市经历的区划变动信息调整后的数据，根据计算的人口增长率判别收缩城市。具体结果如表7-1所示。

表7-1　　　　　　　　　长江经济带地级及以上城市分类及数量

项目	城市类型		合计
	收缩城市	非收缩城市	
城市数量（座）	52	58	110
数量占比（%）	47.27	52.73	100

资料来源：笔者整理所得。

根据实证统计结果，长江经济带 110 座地级及以上城市中有 52 座出现人口增长率为负，也即出现收缩现象，约占城市总量的 47.27%；58 座处于非收缩状态，约占 52.73%。将长江经济带城市收缩数据与地理信息进行匹配后，可以看出：首先，人口增长率大致呈现出由南到北逐步递减的空间分布特征，处于长江经济带南部的城市人口增长率普遍高于北部；且收缩城市大部分分布于长江经济带北部地区，其中北部边缘地区表现最为突出。其次，就非收缩城市的空间分布格局而言，作为长江经济带的"龙头"，下游的长三角地区城市人口仍在不断集聚，其中"沪—宁—合—杭—甬"经济带城市人口增长率最高；作为上游成渝经济区的核心城市之一，成都的人口增长率也较高，展现出成都作为西部中心城市的人口集聚效应；长江中游地区，武汉城市圈的人口集聚现象明显，但相对于成都和"沪—宁—合—杭—甬"经济带城市来说，人口增长率略显偏低。最后，收缩城市与非收缩城市之间存在明显的空间界限，呈现出各自抱团发展的趋势，其中非收缩城市类型中大城市占绝大多数，表明大城市对于人口集聚效应优势显著；收缩城市类型中中小城市占绝大多数，表明收缩现象在中小城市中更为明显。

7.1.2　长江经济带城市收缩的异质性分析

7.1.2.1　收缩城市的流动人口特征分析

从整体来看，通过对长江经济带范围内的 110 座地级及以上城市 2000～2010 年的流动人口增长率进行测算，结果显示：有 30 座城市出现流动人口流出大于流入的情况，即流动人口增长率为负，表现为流动人口收缩，约占城市总量 28.18%。流动人口的收缩呈现出双中心并存的空间格局，即长江经济带下游地区以合肥为中心的圈层区域和长江经济带中游地区以长沙为中心的圈层区域，前者主要包括合肥、滁州、六安等城市，后者主要包括衡阳、长沙、益阳等城市；出现这种空间分布格局的原因在于，安徽省和江苏省北部一些城市均靠近长三角城市群，受制于经济发展水平、城市吸纳能力及发展机会等因素的影响，流动人口更加倾向于流向经济发展水平较高的长三角地区的城市，以此满足自身发展的需要；长沙、衡阳、益阳等城市则靠近长江中游武汉城市圈，较强的城市竞争力不断吸引流动人口向此集聚。

利用 ArcGIS 的空间统计工具 Mean Center，分别以 2000 年、2010 年流动人口规模为权重字段进行重心分析，发现流动人口分布重心从 2000 年的大致在湖北省黄冈市附近，转移到 2010 年的黄冈市北偏东 355 公里的安徽省池州市附近，说明长江经济带城市人口流动仍保持着向下游长三角地区城市集聚的趋势；以上海市、苏州市的流动人口规模增长最为明显，但其流动人口增长率却出现负增长，说明虽然发达的经济仍吸引着流动人口不断进入，但这种吸引力在 2000～2010 年间呈现下降的趋势，流动人口持续高度集中在少数大城市的同时表现出从大城市流入其他城市迹象（段成荣等，2013）。内陆的武汉、成都、丽江等城市 2000～2010 年间流动人口增长率高于下游长三角地区的大部分城市，这种现象进一步证明了随着中部崛起计划和西部大开发计划的推进，尽管中西部地区吸引的流动人口数量仍低于东部地区，但其对流动人口的吸引能力不断增强，流动人口向内陆地区的省会等城市集中趋势明显，其分布重心出现了明显的北移（刘涛等，2015）。

从收缩城市和非收缩城市的流动人口增长率的变化能够看出：首先，52 座收缩城市中表现为流动人口收缩的主要包含广元市、随州市、宿迁市、荆门市、黄石市、雅安市等 9 座城市，占收缩城市总量的 17.31%；从空间分布来看，主要集中于长江中上游地区，进一步说明了下游长三角地区逐渐成为长江经济带最富有吸引力的地区，并且这种人口普遍流入下游长三角地区的趋势越来越明显，与我国整体的人口迁移趋势一致（于潇等，2013）。其次，非收缩城市中也有 21 座城市处于流动人口收缩的状态，如绍兴市、淮南市、台州市、贵阳市等，约占非收缩城市总数的36.21%，表明人口的流动在整个长江经济带城市中表现均较为明显，虽然对于这 21 座非收缩城市其总人口增长率并没有出现负向增长的状况，但其流动人口减少的情况一样值得关注和深思。

7.1.2.2　收缩城市的人口知识结构特征分析

整体来看，2000 年大学及以上学历人口主要集中于长江经济带中的省会城市，上海、南京、武汉、重庆、成都等经济较为发达省份的省会城市，所拥有的大学及以上学历人口最多，其次是合肥、南昌、贵阳、长沙、昆明、苏州，其中苏州虽然不是省会城市，但由于其地理位置的优越性也拥有较多数量的高学历人口。2010 年，大学及以上学历人口仍保持着集中于省会城市的空间分布特征，但省会城市之间也出现了明显的分异；上海和重庆依旧集聚着最多的大学及以上学历人口，但其他省会城市，如武汉、南京、南昌的集聚程度出现明显下降的趋势；内陆城市贵阳和昆明作为省会城市虽然在高等教育体系上拥有优势（姜巍等，2013），但其拥有的大学及以上学历人口数量却低于中游城市群和下游长三角城市群的许多城市，如宁波、湘潭、温州等。2000～2010 年，就拥有的大学以上学历人口数量而言，长江经济带城市出现极化趋势，作为直辖市的重庆和上海由于其行政级别的优势对于高学历人口产生了一定的虹吸效应。

　　从收缩城市和非收缩城市的大学及以上学历人口数量变化可以看出（见表 7 - 2）：第一，收缩城市与非收缩城市的大学及以上学历人口都保持着增加的趋势，总人口中大学及以上学历人口占比不断增长，这说明城市收缩并没有伴随着人力资本水平的下降。第二，2000 年，收缩城市的大学及以上学历人口占总人口的比重只有非收缩城市的一半左右，但到 2010 年二者差距明显缩小，收缩城市增幅大于非收缩城市，这是由于非收缩城市高学历人口基数较小所导致，体现出 2000～2010 年间高等教育的不断扩张趋势。第三，从拥有大学及以上学历人口中男性和女性占比来看，收缩城市和非收缩城市性别差异均有所下降，女性拥有大学及以上学历的人口数量不断增加，2000～2010 年间的增长幅度高于男性，体现了高等教育中教育性别平等程度的提升。第四，收缩城市拥有高学历的男性占比的减少速度快于非收缩市，而高学历女性占比的增长速度达到非收缩城市的 5 倍；结合关于性别对于人口流动及高等教育的影响的研究（杨旻等，2009；彭竞，2011；石彤等，2012；王增文，2014），本研究提出假设，即男性特别是高学历男性偏好人口集聚的大城市，而高学历女性则有部分回流至处于收缩状态的中小城市，中国收缩城市未来的人口性别结构值得注意。第五，收缩城市中有13 座城市表现为高学历人口的收缩，如广元市、自贡市、内江市、绵阳市等，约占收缩城市总量的 25%，从空间格局分布来看，这些城市主要集中于长江上游的四川省和贵州省，体现出这些地区的人才流失问题严重而且高学历人口外迁是其出现城市收缩现象的主要原因，这将不利于当地的经济社会发展，加剧地区间"贫者越贫，富者越富"的马太效应。

表 7 - 2　　　　　　长江经济带不同类型城市人口知识结构特征

（大学及以上学历人口占比）　　　　　　单位：%

城市类型	2000 年			2010 年			增长率		
	男性占比	女性占比	占总人口比	男性占比	女性占比	占总人口比	男性占比	女性占比	占总人口比
收缩	71.46	28.54	0.57	58.48	41.52	3.68	-18.16	45.48	545.61
非收缩	66.60	33.40	1.73	56.35	43.66	3.81	-15.39	30.72	120.23

资料来源：笔者整理所得。

7.1.2.3 收缩城市的人口年龄结构特征分析

为全面分析长江经济带范围内地级及以上城市人口的年龄结构变化情况，本研究对其2000~2010年间的65周岁以上人口增长率进行测算，结果显示：只有上海、宁波、苏州这3座城市出现65周岁以上人口增长率为负的情况，约占城市总量的2.73%。65周岁以上人口增长率呈现由东向西、由南向北递减的趋势，且呈块状分布，其中下游长三角城市群的65周岁以上人口增长率处于最低区间，上游成渝城市圈和中游武汉城市圈处于最高区间。就单个城市而言，攀枝花市、广元市、广安市、巴中市、黄冈市65周岁以上人口增长速度最快。

根据1956年联合国《人口老龄化及其社会经济后果》确定的划分标准，当一个国家或地区65周岁及以上老年人口数量占总人口比例超过7%时，则意味着这个国家或地区进入老龄化。总体来看，2000~2010年间，长江经济带城市老龄化程度不断加深且进入老龄化的城市数量急剧增加。由空间分布可以观察出：第一，2000年长江经济带中的67座城市已经进入老龄化阶段，占城市总量的60.91%，其中下游长三角城市群老龄化程度最高；未进入老龄化的城市集中于长江中游的江西省和湖北省的部分城市和黔南、滇西地区的一些城市。第二，2010年，仅有黄冈市、毕节市、普洱市还未进入老龄化阶段，其余107座城市全部进入老龄化时期；就城市群而言，上游地区的成渝城市群老龄化程度最为突出；就单个城市而言，老龄化程度最为严重的是南通市，65周岁以上人口占比达到16.5%。

按照国际惯例，本研究将劳动人口年龄定为15~64周岁。由空间分布格局可看出：第一，在2000~2010年间，劳动年龄人口增长率呈现"点-块状分散布局"的空间形态，分别以武汉和合肥为中心的城市圈层以及西南地区的遂宁市、丽江市、昭通市增长率均处于最高区间；四川省南部和湖南省南部的部分城市的劳动年龄人口增长率则处于最低区间；总体来看，劳动年龄人口增长率呈由东南向西北递减的趋势。第二，2000~2010年间，抚养比增长率的空间分布与劳动年龄人口增长率空间分布基本相同，同样表现为以武汉和合肥为中心的块状与以遂宁、丽江等的点状分布并存的格局体系。

通过对长江经济带收缩城市与非收缩城市人口年龄结构综合分析可发现（见表7-3）：第一，收缩城市与非收缩城市均已进入老龄化阶段，在2000年二者老龄化程度相近，但到2010年收缩城市老龄化程度明显高于非收缩城市，收缩城市老龄人口增长速度几乎是非收缩城市的3倍。第二，收缩城市与非收缩城市的劳动年龄人口数量在 2000～2010 年间都处于增长状态，劳动年龄人口增长速度远低于老龄人口增长速度；收缩城市老龄人口增速是劳动年龄人口增速的 10 倍，其劳动年龄人口占总人口比重和增长速度均低于非收缩城市。第三，2000～2010 年间，收缩城市与非收缩城市 0～14 岁人口比重都处于下降状态，少年儿童数量出现负增长，收缩城市少年儿童减少速度高于非收缩城市。第四，研究时段内长江经济带城市人口抚养比呈现下降趋势，整个长江经济带人口抚养压力在下降；但非收缩城市下降速度远高于收缩城市，表明收缩城市人口抚养压力大于非收缩城市，人口红利减小。第五，收缩城市中尚未有城市出现老龄人口收缩的现象，这一方面表明收缩城市的人口流失主要是劳动年龄人口的流失所导致，紧缺的劳动力投入将极大地影响这些城市的经济发展效率；另一方面也再次印证出长江经济带老龄化现象的严峻性。

表 7－3　　　　　长江经济带不同类型城市人口年龄结构特征　　　　单位：%

城市类型	65 岁以上人口比重			15～64 岁人口比重			0～14 岁人口比重			人口抚养比		
	2000年	2010年	增长率	2000年	2010年	增长	2000年	2010年	增长率	2000年	2010年	增长率
收缩	7.68	11.01	43.36	68.90	72.01	4.51	23.42	16.98	-27.50	45.13	38.87	-13.87
非收缩	7.66	8.88	15.93	71.05	75.23	5.88	21.30	15.88	-25.45	40.75	32.92	-19.21

资料来源：笔者整理所得。

7.1.2.4　收缩城市的人口性别结构特征分析

2000～2010 年，长江经济带男性增长率出现负增长的城市共有 64 座，约占城市总量的 58.18%；女性人口增长率出现负增长的城市有 58 座，约占城市总量的 52.73%，明显低于前者。衢州市、常德市、益阳市、娄底市、张家界市、普洱市的男性增长率出现负增长而女性增长率处于正增长。长江经济带城市男性和女性增长率基本与人口增长率的分布一致，呈现出由南向北、由东向西递减的趋势；男性增长率较高的城市均集中于下游地区的"沪—宁—合—杭—甬"经济带，以及中游城市群的核心城市和上游成渝城市群的中心城市；九江市、萍乡市等城市女性增长速度高于男性，这些城市主要集中在湖南省和江西省交界处。

通过对长江经济带收缩城市和非收缩城市人口的性别结构分析可以发现

（见表7-4）：第一，对于收缩城市而言，男性占总人口的比重在2000～2010年间的下降速度明显快于女性；非收缩城市的男性占总人口的比重的上升速度则略低于女性。第二，2000年，收缩城市男性占总人口比重与非收缩城市相近，但到2010年，二者约相差了10%，差距显著扩大；2000年，收缩城市女性占总人口比重与非收缩城市相差约10%，但到2010年，二者相差17%，相对差距扩大了7%，明显低于男性人口。第三，52座收缩城市全部出现男性人口收缩，有48座城市出现女性人口收缩，分别占收缩城市总量的100%、92.31%，只有张家界市、常德市、衢州市、益阳市这4座城市出现单纯的男性人口收缩，而女性人口并没有收缩，表明收缩城市的人口性别差异并不明显。

表7-4   长江经济带不同类型城市人口性别结构特征   单位：%

城市类型	男性占总人口比重			女性占总人口比重			性别比		
	2000年	2010年	增长率	2000年	2010年	增长率	2000年	2010年	增长率
收缩	51.61	38.62	-25.17	48.39	37.75	-21.99	1.07	1.02	-4.67
非收缩	51.76	48.24	-6.80	58.60	55.12	-5.94	1.07	1.06	-0.93

资料来源：笔者整理所得。

7.1.2.5 收缩城市的人口就业结构特征分析

总体来看，长江经济带城市人口的就业结构呈现如下特征：第一，第一产业就业人口整体呈现减少的趋势，其中减少最快的地区集中于长江经济带上游和中游地区，尤其是西南地区的四川省、云南省、贵州省的城市表现最为显著，展现出这些地区初始农业人口比重较高和较低发展水平的鲜明特征，也反映出该类地区产业结构转型升级的内在功效；第二，第二产业就业人口整体呈现增长的趋势，其中增长率较高的城市呈块状分布于中游城市群和上游成渝城市群周边，诸如昭通市、巴中市、益阳市等，表明长江经济带城市的工业化水平依旧处于提升的阶段，并没有像欧美国家出现"去工业化"的现象，同时受惠于城市群的扩散和辐射效应，周边城市与城市群的产业关联度越来越高，吸纳就业人口能力逐步增强；第三，第三产业就业人口整体也呈现增长的趋势，其中增长率较高的城市集中于下游长三角城市群周边和上游成渝城市群，劳动力的集聚和分散效应是劳动力流动与第三产业发展相互作用的结果（肖智等，2012），劳动力偏向流入长江经济带较发达地区，这恰好也是第三产业发展水平较高的地区。

通过对长江经济带收缩城市和非收缩城市人口的就业结构分析能够发现（见表 7－5）：第一，总体来看，长江经济带收缩城市和非收缩城市的三次产业就业人口占比在 2000～2010 年间的变化趋势基本保持一致，第一产业就业人口占比下降，而第二、第三产业就业人口占比上升，这种现象符合产业发展规律，是配第克拉克定律的典型体现。第二，收缩城市与非收缩城市相比，其第一产业就业人口占比较大，第二、第三产业就业人口占比较小，说明收缩城市中就业人口集中于第一产业，发展到 2010 年，第一产业就业人口占比仍然超过 50%。第三，就三次产业就业人口占比在 2000～2010 年间的增长速度而言，收缩城市中第一产业就业人口占比的减少速度明显低于非收缩城市，但第二、第三产业就业人口增长速度却高于非收缩城市，表明收缩城市中第一产业就业人口正在快速地向第二、第三产业转移，产业结构中第二、第三产业就业人口的比例呈现逐年增加的趋势。第四，52 座收缩城市均没有出现第二产业就业人口收缩的现象，而且收缩城市的第二产业就业人口仍处于增长状态，其增长率高于第三产业，表明第二产业仍是吸纳就业人口的主要力量，再次证实收缩城市并没有出现"去工业化"的现象，这与国外收缩城市有着显著的不同，也意味着"去工业化"并不是长江经济带城市收缩的动力因素；同时，也能够从侧面反映出，长江经济带的城市化仍处于集聚性阶段，与国外城市收缩所表现的郊区化现象形成鲜明对比，探讨长江经济带城市收缩必须坚持工业化和城市化双重机制。

表 7－5　　　　长江经济带不同类型城市人口就业结构特征　　　单位：%

城市类型	第一产业就业人口占比			第二产业就业人口占比			第三产业就业人口占比		
	2000 年	2010 年	增长率	2000 年	2010 年	增长率	2000 年	2010 年	增长率
收缩	75.31	52.00	-30.95	10.54	22.84	116.70	14.15	25.16	77.81
非收缩	53.82	31.57	-41.34	23.57	32.36	37.29	22.62	36.07	59.46

资料来源：笔者整理所得。

7.1.3　长江经济带城市收缩的原因分析

7.1.3.1　政策因素导向下的中心城市集聚现象凸显

政策因素导向下的中心城市集聚现象凸显是长江经济带城市收缩的首要原因。这主要表现为两大方面。一是在集聚型城市化的发展进程中，由于中心城市的区位和资源优势表现明显，外围区域人口会向中心城市不断靠拢，出现中心城市人口增多与外围区域人口减少并存的空间格局。相对于外围区域而言，中心城市在资源投入和政策制定上均有着比较优势，在中心城市引领区域协同发展的大背景下，中心城市的战略地位逐步提高，其所对应的产业发展、配套基础设施建设及公共服务等也日渐完善，由此会对周围地区形成虹吸效应，吸引着外围区域人口向中心城市集聚，引发中心城市的非收缩与外围区域收缩现象的出现。武汉、长沙、南昌、成都等作为区域发展的中心城市，由于虹吸效应，均未出现收缩，而其周围地区的诸多城市大都经历着人口流失现象，成渝城市群表现尤为突出。二是政策实施的指向性为中心城市的人口集聚贡献力量。对于西部大开发战略和中部崛起战略的实施和推进，多数是以中心城市为指引来带动外围区域的发展。当国家区域发展战略实施后，由于发展环境、经济基础以及政策保障等层面的支撑，投资商、金融机构多会倾向于此类区域，这种现实状况下，必然会对中心城市的发展带来正能量，促进中心城市经济社会高质量运行。在中心城市扩散效应不足以带动外围区域发展的现实下，中心城市的辐射作用依旧有限，也必然导致外围区域人口的持续流入。重庆虽然市辖区发展较为突出，但也引起了边缘县域人口流失现象的产生；湖北的单核心发展模式，其中心城市武汉的经济体量相对较小，无法形成对周围地区的正向辐射，反而形成了资源的抢夺，成为黄冈、襄阳等外围地区的人口流入地，引发当地严重的城市收缩现象。正是由于政策因素导向下的中心城市集聚现象凸显，导致部分人口发生区域间的流动，呈现出以下游长三角地区为主导，空间格局呈两极化的发展趋势，也是导致整个长江经济带城市收缩的主要原因。

7.1.3.2　经济因素导向下的产业就业吸纳能力不足

经济因素导向下的产业就业吸纳能力不足也是长江经济带城市收缩的重要原因。这主要体现为两个层面。一是相对于农业、养殖业而言，第二、第三产业更符合经济发展需求和产业结构调整的一般趋势，既能够提供充分的就业岗位和丰厚的经济收入，也不会耗费巨大的人力资源。由分析结果可以看出，长江经济带中的绝大多数城市均面临着第一产业就业人口向第二、第三产业转移的过程，但由于各个地区的经济体量、产业发展程度并不相同，导致人口发生理性的流动，流向产业更为发达、就业机会较多和待遇更为丰厚的地区，出现发达地区和欠发达地区人口的增多与减少。长江三角洲地区由于产业结构转型升级较快，外加就业机会的增加，引发诸多的外围区域人口流入此地；珠三角地区由于有着更为光明的产业发展前景和规模化的经济体量，也吸引着湖北、湖南等周边区域人口的持续流入，同时引起湖北、湖南发生较为严重的城市收缩现象。二是相对于第一产业而言，第二、第三产业的现代化进程较为超前，具有比较成熟的发展模式以及配套设施，在转型阶段，第二、第三产业所能吸纳的劳动力远远低于第一产业转型的就业需求，导致城市收缩现象的发生。对于部分具备专业技能和高学历的人口来说，大多数会更倾向于流入经济社会较为发达和就业机会更多的地区，而非继续滞留在原有地区工作生活；由于第二、第三产业所能承载的劳动力人口有限，只有少部分人口可以获得工作机会，其他人则面临着严重的工作压力；另外，由传统工业向现代化工业转变的进程中，知识密集型产业所吸纳的劳动力严重不足，导致原先从事第一产业或传统工业的就业人员面临着外出务工的可能，故此引发城市人口的收缩。这种现象在成渝城市群表现较为显著。总体来看，经济因素导向下的产业就业吸纳能力不足对长江经济带城市收缩具有直接的影响，不论是产业转型还是经济发展，即便当地正在推进工业化进程以及经济增长政策，但人口还是会选择流入经济基础更好、产业更为发达的地区，从而引发城市收缩。

7.1.3.3　社会因素导向下的人口老龄化现象显著

社会因素导向下的人口老龄化现象显著也构成长江经济带城市收缩的重要缘由。主要表现在两个方面。一是人口老龄化现象加剧，导致劳动人口比重下降，使城市劳动人口相对减少。相对于收缩城市而言，非收缩城市一般具有相对完善的基础设施以及社会政策，能够起到稳定人口的作用。长江经济带收缩城市虽然均面临着严重的老龄化现象，但这类地区的养老政策、生活保障措施并不完善，劳动人口面临着巨大的生活压力以及抚养压力，这些短板要素不仅推动了人口外流现象的持续加剧，同时引起生育率的下降，造成收缩现象的进一步产生。根据分析结果，长江经济带65 周岁以上人口增长率呈现由东向西、由南向北递减的趋势，且呈块状分布，其中下游长三角城市群的 65 周岁以上人口增长率处于最低区间范围，但也基本维持在20% 左右；上游成渝城市群和中游武汉城市圈则处于较高区间范围；就单体城市来说，攀枝花、广元、广安、巴中、黄冈等65 周岁以上人口增长速度最快，达到50% 以上，导致城市劳动人口相对减少。二是人口老龄化现象加剧引发人口自然增长率的下降。由于抚养系数的上升，劳动人口中的生育人口比重也会下降；随着社会的不断发展，生活压力不断增加、新一代个性解放追求生活质量、女性地位提高追求教育和事业等等，导致年轻人纷纷降低生育意愿，新生儿数量减少，加速步入老龄化社会。人口老龄化现象背后还伴随着城市居民的受教育水平的普遍提升，对于生活质量和事业发展的追求意愿超过了家族人口的意愿。同时受教育年限的提高，使得平均生育年龄上升，晚婚晚育现象更是普遍，这也是造成城市人口减少的原因之一（张学良等，2018）。另外，独生子女的计划生育政策所衍生的一对夫妇赡养四位老人的事实，鉴于赡养老人的压力过大和抚养子女的成本过高，导致部分家庭不愿生育，人口的自然增长率出现大幅度下降。2016年成渝城市群人口自然增长率为负的城市数量多达9个，占城市总数的50%以上，在这种现实背景下，人口自然增长率的减小势必会促进城市收缩，对城市发展带来负面影响。这恰恰也是未来长江经济带实现健康发展所急需解决的重要问题。

7.1.3.4　环境因素导向下的居民生活质量的追求

新时代下，我国社会的主要矛盾已经转化为人民日益增长的美好生活需要和不平衡不充分的发展之间的矛盾。对于社会居民而言，追求高质量的生活成为实现其美好生活的重要方法。环境因素导向下的居民生活质量追求也已成为长江经济带城市收缩的关键性成因，这主要表现为两个层面。一是产业发展中的高能耗、高污染行业导致环境质量低下。在大力推进工业化的政策背景下，长江经济带诸多地区引入了相当一部分的以钢铁、石化、有色金属、建材、船舶等为代表的重工业以及污染型产业，虽然为当地的经济社会发展起到了推动作用，但在2000～2010年期间，当时的工业化正处于资源的消耗期，由此带来的污染问题严重影响了居民的生活质量以及工作质量，为逃避环境污染的不利影响，引发人口流动现象。由于长江经济带的石化产业和水泥产业数量庞大，分别占全国的30%和40%，导致经济带内的空气质量严重下滑。四川、贵州、云南等地，对采矿业依赖程度较高；采矿业及其相关产业由于其高能耗、高污染的特点，对当地的生态环境破坏严重。与此同时，长江经济带中多数产业均属于高污染型产业。长江沿线到处可见钢铁、有色金属、建材、化工和电力等项目，而且部分重化工产品产量庞大；目前，部分重化项目的生产模式还停留在较为粗放的阶段，工业能耗、物耗和污染水平居高不下（成长春，2018）。二是自然灾害的多发地区影响了人们的正常生活。长江经济带的部分地区属于自然灾害的多发区域，为能够规避由自然灾害所引发的生活危机，人们会更倾向于安全稳定的生活区域，无形中也会造成城市收缩现象的发生。长江经济带上游地区由于地形复杂且地壳运动活动强烈，

是地震、泥石流、滑坡、崩塌等自然灾害的多发地区；中游地区鄱阳湖由
5200 平方公里萎缩至现在的 2399 平方公里，生物多样性减少，也时常发
生地震、滑坡、泥石流等自然灾害，还有一些人为因素，造成的水土流失
加重（罗来军，2018）。所以为能够避免自然灾害，人口会选择一些平原
地区定居，这也是人口减少的重要原因。

7.1.3.5　规划因素导向下的城市共享发展受限

规划作为城市建设中的重要环节，对于城市未来的高质量运行以及区
域的协同发展具有理论价值和现实意义，合理构建城市规划思路、完善城
市规划体系，实现城市的共享式发展成为新时代城市规划关注的重点。而
规划因素导向下的城市共享发展受限已成为长江经济带城市收缩的重要成
因，这主要表现为两个维度。一是城市规划内容缺乏弹性，城市发展模式
比较单一，没有形成参与主体的多元化以及组成结构的多样化。尤其是长
江经济带中的部分资源型城市，在发展进程中，没有做到理性的城市规
划，不仅对城市环境和资源消耗带来了大量的负面影响，而且城市经济竞
争力每况愈下，无法与周边城市形成联动。铜陵市经历长期大规模开采之
后面临着"资源诅咒"的问题，在 2009 年被列为国家第二批资源枯竭城
市，也正是因为资源的过度消耗以及刚性的规划模式，使得经济发展遭遇
瓶颈，产业转型滞后，引发了较为严重的人口流失现象。二是规划的割裂
化导致城市之间、地区之间的发展缺乏联动性，各自为政的发展局面使得
城市内部基础设施建设滞后以及资源浪费现象极为严重。湖北省的发展以
武汉为龙头城市，其铁路、航空、水路以及高速公路均围绕武汉而展开，
公共资源的过度集中拉开了和周围地区的差距，造成周围地区人口流失现
象的发生。规划的不完善同时引发的还有资源共享的问题，长江经济带覆
盖湖南、江西、云南等文化大省，丰富的人文景观以及历史古迹本应促进
第三产业的快速发展，但由于缺乏旅游资源的合理规划，较为发达的第三
产业就业人口占比也仅有 30% 左右；其交通线路的设计也多围绕中心城市
或是工业城市展开，造成了人口在产业间不合理的流动。未来如何突破规
划因素导向下的城市共享发展受限的尴尬局面成为缓解长江经济带城市收
缩的重要方案。

7.2　川渝城市群

我国"十三五"规划明确指出"要加快城市群建设发展"，城市群将

成为中国未来城镇化的主要形态,未来的生产力布局和新的经济增长点都将围绕城市群开展。中共十九大报告也再次表明,要形成以城市群为主体构建大中小城市和小城镇协调发展的城镇格局。改革开放以来,我国东部沿海地区形成了京津冀、长三角、珠三角等一批国家级城市群,有力推动了东部地区经济社会的快速发展,使其成为中国经济重要的增长极。但值得注意的是,区域间发展差异也日渐扩大,中西部地区发展相对滞后,中西部城市发育明显不足。2016 年 4 月 12 日,国务院印发《关于成渝城市群发展规划的批复》,批复同意《成渝城市群发展规划》,成渝城市群成为继长三角、珠三角、长江中游城市群后,获中央批复的第四个城市群。成渝城市群位于长江流域的上游,是西部地区经济基础较好和增长潜力极大的区域,也是西部大开发的重要支撑点。但作为第二大人口流出大省,四川的人口流失现象值得关注,对于成渝城市群而言,其区域内城市的收缩现象也开始大量涌现。张莉(2015)对四川省人口外流现象进行了分析得知,2000～2010 年虽然四川省城镇化水平从 27% 增加到 40%,全省户籍人口从8402 万人增加到 8998 万人,但是常住人口却从 8329 万人减少到 8042 万人,外流人口规模不断增加,导致全省常住人口规模数量的持续减少;人口大量外流背景下的异地城镇化,正在加剧原有地区的城镇收缩,地处四川盆地东北部的阆中市便是如此(姜鹏等,2016)。在这样的发展背景下,明确成渝城市群的城市收缩空间特征,并与东北地区城市收缩做一个整体性的对比分析,能够更有效识别东北地区城市收缩的独有空间特征和结构,为未来的城市规划编制和城市体系协同发展策略的制定提供参照系。

7.2.1　成渝城市群城市收缩的空间格局

7.2.1.1　地级及以上城市收缩的空间格局

目前关于收缩城市的定义还没有形成统一的认识,学者们均展示出自身的观点。此处仍旧参照刘玉博、张学良等(2017)关于收缩城市的研究成果,将中国收缩城市定义为:在城市化过程中,地级及以上城市全市范围内常住人口的持续下降。考虑到数据可得性和准确性,参考张学良等(2016)的做法,本研究具体将成渝城市群收缩城市界定为:第五次人口普查(2000年)和第六次人口普查(2010 年)期间,人口增长率为负的城市,在空间尺度上表现为成渝城市群地级及以上城市的收缩。本研究利用"五普""六普"间成渝城市群 16 座地级及以上行政单元经历的区划变动信息调整后的数据,计算出人口增长率,对收缩城市进行识别。结果如表 7－6 所示。

表 7 – 6　　　　　　　　　　成渝城市群地级及以上城市分类及数量

项目	城市类型		合计
	收缩城市	非收缩城市	
城市数量（座）	13	3	16
数量占比（%）	81. 25	18. 75	100

资料来源：笔者整理所得。

根据统计结果，成渝城市群 16 座地级及以上城市中有 13 座出现人口增长率为负，即出现收缩现象，约占城市总量的 81.25% ；3 座城市处于非收缩状态，约占城市总量的 18.75% 。将成渝城市群城市收缩数据与地理信息进行匹配后，可以看出，收缩城市集中于成渝城市群中部地区，而非收缩城市则分布于两侧边缘，成渝城市群人口增长率呈现由中心向四周递增的趋势；就具体城市而言，处于非收缩状态的有重庆、成都、泸州，处于收缩状态的主要包括自贡、德阳、绵阳等城市；位于成渝城市群中心位置的资阳和广安人口增长率下降最为突出，分别为 –21.98% 、–22.27% ；说明作为成渝地区经济发展的"双子星"，成都、重庆两个特大中心城市对本区域的经济要素和经济活动产生着"虹吸效应"，这导致资阳、自贡、内江等成渝经济区的中部地带城市发展陷入了"塌陷"（杨晓波等，2014），人口不断外流。

7.2.1.2　市辖区、市辖县收缩的空间格局

为能够更加精准地识别出地级及以上城市内部人口增长率的变动情况，本研究对市辖区（县）行政单元人口变动率进行统计。根据统计结果，成渝城市群范围内市辖区、市辖县收缩情况如表 7 – 7 所示。可以看出：第一，只有 14 个市辖区出现收缩现象，约占市辖区总量的 29.79% ，表明大部分市辖区在 2000 ~ 2010 年间人口增长率均为正，说明人口向城市中心区域集聚的趋势仍在继续；第二，有 64 个市辖县出现收缩现象，约占市辖县总量的 65.98% ，意味着大部分市辖县的人口增长率在研究时段内为负，体现出这些县域人口流失的基本状况；第三，对于成渝城市群内的大部分地级及以上城市而言，市辖区即城市中心区域对于周边人口存在较大的虹吸效应，随着县域间经济发展水平差距的扩大，形成以成都市区和重庆市区为核心的圈状空间结构（彭颖等，2010），为能够获得更高的工资和享受更为完善的公共服务，劳动人口将选择流向各方面条件均更为优越的城市（夏怡然等，2015）。

表7-7 成渝城市群市辖区、县分类及数量

项目	收缩类型		合计
	市辖区收缩	市辖区非收缩	
城市数量（座）	14	33	47
数量占比（%）	29.79	70.21	100

项目	收缩类型		合计
	市辖县收缩	市辖县非收缩	
城市数量（座）	64	33	97
数量占比（%）	65.98	34.02	100

资料来源：笔者整理所得。

从空间分布上来看，处于收缩状态的区县主要集中于渝东北、渝东南以及四川中部地区，诸如江北、渝北、龙泉驿等，呈现连片、块状分布的特点；处于非收缩状态的区县则集中分布于渝西南、成渝城市群西部边缘地区，诸如綦江、江津、安岳等，呈现斑点状、线状分布的特征。从人口数量变化速度的层面来看，人口增长最快的是蒲江，减少最快的是黔江，其增长率分别为213.35%、-88.67%；人口增长率呈现出明显的漏点状非均衡布局，即人口增长较快（减少较慢）的地区与人口增长较慢（减少较快）的地区交错分布；人口增长较快（减少较慢）的地区集中于市辖区，尤其是重庆、成都所辖的区及周边区（县），例如永川、九龙坡、温江、新津；人口增长较慢（减少较快）的区（县）则大部分分布于距离成都、重庆市辖区较远的区域，例如，黔江、开县、筠连、仪陇；体现出城市内部较为发达区域的虹吸效应。以上分析表明，成渝城市群内部出现了二重流动的特点，即城市内部人口由周边区县向城市中心辖区流动的同时，城市间的人口流动也在发生，人口不断向更为发达的城市集聚。

7.2.2 成渝城市群收缩城市的特征分析

为能够准确识别收缩城市内部结构，本研究将收缩城市所包含的市辖区、县的相关数据与地图匹配后得到相关空间分布图，通过识别其分布特征得到以下几种城市收缩类型。

7.2.2.1 全域型收缩城市

本研究将2000～2010年间城市内部的市辖区、县的人口增长率均为负增长的城市划分为全域型收缩城市，成渝城市群范围内全域型收缩城市

有 5 座，分别是遂宁、内江、宜宾、广安、资阳。根据空间分布格局能够看出：第一，除广安外，人口减少速度最慢的地区均为各个城市的市辖区，即设置在中心城区中的"市区"；从城市空间结构来看，市辖区往往是工商业密集区且基础设施完备区，对人口有着明显的吸引力，人口流失速度也会较慢。广安市所辖的邻水是四川省距离重庆主城区及两江新区最近的城市，且邻水东、南部分别与重庆市垫江县、长寿区、渝北区接壤，在距离上比市辖区更具有优势，故此人口减少速度慢于市辖区。第二，全域型收缩城市呈现连绵化发展趋势，且均位于成渝城市群中部地区，这是由于成都、重庆两个城市呈离心发展状态，对区域经济的辐射带动作用不够，从而在成渝城市群中部存在较大的经济低谷（许旭，2010），中小城镇人口流失情况严重。

（1）人口年龄结构特征。

根据 1956 年联合国《人口老龄化及其社会经济后果》确定的划分标准，当一个国家或地区 65 周岁及以上老年人口数量占总人口比例超过 7% 时，则意味着这个国家或地区进入老龄化。根据表 7 - 8 可以看出，全域型收缩城市老龄人口占比在 2000 ~ 2010 年间均出现了大幅度的上升，人口老龄化程度进一步提高，其中上升速度最快的是广安，增长率达到 79.94%；0 ~ 14 岁少年儿童占比在 2000 ~ 2010 年间出现大幅下降，其中下降幅度最大的是遂宁，达到 40.21%；15 ~ 64 岁劳动年龄人口占比除宜宾、资阳外均有所上升，但上升幅度明显小于老龄人口占比增长幅度，说明这些地区人口抚养压力在 2000 ~ 2010 年间不断增加；尤其是宜宾和资阳，在 15 ~ 64 岁劳动年龄人口占比增长率为负的同时，老龄人口占比大幅增加，人口结构的严重失调将导致其在未来的发展中面临严重的劳动力短缺问题，社会养老压力也会逐渐上升。

表 7 - 8　　　　　　　　全域型收缩城市人口年龄结构特征　　　　　　　单位：%

县市	各种年龄组人口占总人口比重								
	0 ~ 14 岁			15 ~ 64 岁			65 岁及以上		
	2000 年	2010 年	增长率	2000 年	2010 年	增长率	2000 年	2010 年	增长率
遂宁	25.22	15.08	- 40.21	66.79	73.53	10.09	8.00	11.39	42.38
内江	22.13	16.63	- 24.85	69.83	71.53	2.43	8.04	11.85	47.39
宜宾	23.86	20.74	- 13.08	68.74	68.71	- 0.04	7.40	10.56	42.70

续表

县市	各种年龄组人口占总人口比重								
	0~14 岁			15~64 岁			65 岁及以上		
	2000 年	2010 年	增长率	2000 年	2010 年	增长率	2000 年	2010 年	增长率
广安	27.83	21.63	-22.28	65.20	65.80	0.92	6.98	12.56	79.94
资阳	22.45	18.30	-18.49	68.84	68.15	-1.00	8.71	13.56	55.68

资料来源：笔者整理所得。

（2）人口社会结构特征。

通过表 7-9 可以看出：第一，2000~2010 年间全域型收缩城市的人口受教育程度呈现出持续上升的趋势，本科及以上学历人口占比均出现了大幅度上升，人口平均受教育年限也有较多的增长，与我国高等教育规模扩大与义务教育全面落实的情况相一致；说明对于成渝城市群而言，城市收缩并没有和人口素质的下降有直接联系，这与西方国家的城市收缩有着显著差别。第二，第一产业就业人口占比在 2000~2010 年间出现了大幅下滑，而第二、第三产业就业人口占比则大幅上升，体现出人口就业结构的变化以及城市产业结构的升级。第三，第二产业就业人口占比上升幅度最大，说明对于成渝城市群而言，全域型收缩城市并没有出现与西方国家类似的"去工业化"现象，人口仍然不断向第二产业集聚，工业化进程仍在继续加强。

表 7-9　　　　　全域型收缩城市人口社会结构特征　　　　单位：%

县市	三次产业人口占行业人口比重									大学本科及以上学历人口占比		
	第一产业			第二产业			第三产业					
	2000 年	2010 年	增长率	2000 年	2010 年	增长率	2000 年	2010 年	增长率	2000 年	2010 年	增长率
遂宁	83.08	53.38	-35.75	6.10	23.77	289.67	10.81	22.84	111.29	0.27	1.05	288.89
内江	79.28	62.45	-21.23	9.31	20.19	116.86	11.41	17.36	52.15	0.41	1.20	192.68
宜宾	81.14	71.65	-11.70	7.54	11.77	56.10	11.32	16.58	46.47	0.34	1.32	288.24
广安	85.51	73.07	-14.55	4.77	10.30	115.93	9.72	16.63	71.09	0.19	0.72	278.95
资阳	88.26	74.57	-15.51	3.85	10.76	179.48	7.89	14.67	85.93	0.23	0.97	321.74

资料来源：笔者整理所得。

7.2.2.2 边缘型收缩城市

本研究将市辖区非收缩且被收缩的市辖县围绕的城市划分为边缘型收缩城市，主要包括达州、眉山、绵阳、自贡 4 座城市。由具体空间分布可以看出，达州、眉山、绵阳、自贡的市辖区人口增长率均为正，且其所辖县的人口增长率均为负，人口增长率由市辖区往外呈递减趋势；说明市辖区吸引着大量域内人口集中，而周边城镇则出现了人口不断流失的情况。

（1）人口年龄结构特征。

根据表 7 - 10 可以看出：与全域型收缩城市相类似，边缘型收缩城市也出现了 0 ~ 14 岁人口的减少以及 65 岁以上人口的增加，老龄人口占比的增长速度快于 0 ~ 14 岁人口占比的减少速度，其中表现最为显著的是达州和自贡，2000 年达州仍未进入老龄社会，而到 2010 年其老龄人口占比已经达到 8.31%；自贡 15 ~ 64 岁人口和 0 ~ 14 岁人口在 2000 ~ 2010 年间出现了负增长。说明这些城市的"倒三角"形人口结构具有不可逆性，劳动年龄人口虽然仍处于增长状态，但未来缺乏持续增长的动力，而社会养老的负担将会不断加大。

表 7 - 10　　　　　　　边缘型收缩城市人口年龄结构特征　　　　　　单位：%

| 县市 | 各种年龄组人口占总人口比重 | | | | | | | | |
| | 0 ~ 14 岁 | | | 15 ~ 64 岁 | | | 65 岁及以上 | | |
	2000 年	2010 年	增长率	2000 年	2010 年	增长率	2000 年	2010 年	增长率
达州	20.54	16.30	- 20.64	73.65	75.40	2.38	5.81	8.31	43.03
绵阳	20.09	13.80	- 31.31	72.41	74.55	2.96	7.50	11.65	55.33
眉山	21.27	14.08	- 33.80	70.07	72.60	3.61	8.66	13.32	53.81
自贡	20.38	16.69	- 18.11	71.28	70.64	- 0.90	8.34	12.67	51.92

资料来源：笔者整理所得。

（2）人口社会结构特征。

根据表 7 - 11 能够看出，2000 ~ 2010 年间边缘型收缩城市大学本科及以上学历人口占比均有大幅度上升，表现最为显著的是眉山，其高学历人口占比增加了约 4 倍；高学历人口占比的提升意味劳动人口价值的提升，即从人力资源到人力资本的升级，从长远来看这种升级对于未来当地经济社会的发展具有正向的推动作用。从三次产业就业人口占比的角度来看，呈现出第一产业就业人口占比不断减少，而第二、第三产业就业人口占比不断增加的发展趋势，符合产业升级的一般规律；值得注意的是，到2010年，达州、眉山、绵阳、自贡的第一产业就业人口占比仍大于50%，表明该类型城市发展中，农业依旧是吸纳就业的主力；然而，从事农业所带来的报酬远低于第二、第三产业，导致的城乡收入差距扩大会限制全社会劳动力质量的提高以及部门间劳动力的流动，不利于经济结构的高级化（邓金钱等，2017）。

表7-11　　　　　　　　　　边缘型收缩城市人口社会结构特征　　　　　　单位：%

县市	三次产业人口占行业人口比重									大学本科及以上学历人口占比		
	第一产业			第二产业			第三产业					
	2000年	2010年	增长率	2000年	2010年	增长率	2000年	2010年	增长率	2000年	2010年	增长率
达州	82.87	66.91	-19.26	5.74	13.15	129.09	11.39	19.94	75.07	0.24	0.86	258.33
绵阳	76.27	62.27	-18.36	8.94	62.27	596.53	14.79	22.71	53.55	0.89	2.82	216.85
眉山	82.25	70.87	-13.84	6.48	70.87	993.67	11.27	17.81	58.03	0.27	1.34	396.30
自贡	75.54	61.85	-18.12	10.44	18.09	73.28	14.02	20.06	43.08	0.74	2.09	182.43

资料来源：笔者整理所得。

7.2.2.3　对称型收缩城市

本研究将市辖区、县均出现非收缩情况，且非收缩地区呈对称分布的城市划分为对称型收缩城市。成渝城市群范围内属于对称型收缩城市的包括乐山、南充、雅安、德阳。根据具体空间分布能够得知，对称型收缩城市分布于成渝城市群的边缘地区；非收缩的市辖区、县被收缩的城镇所包围；乐山市辖县非收缩的有马边、峨眉山，南充市辖县非收缩的有仪陇，雅安市辖县非收缩的有荥经，德阳市辖的广汉也处于非收缩行列。

（1）人口年龄结构特征。

根据表7-12可以看出，表中的市辖区、县均处于非收缩状态，且除南充外，市辖区的老龄人口占比均高于市辖县和整个市级行政单元的统计值，这可能与市辖区内集中的养老院、医院等公共服务资源的完备性有直接关系；15~64岁劳动年龄人口占比中，市辖区也远高于市辖县，表明市辖区较为发达的经济水平能够提供更多的就业机会，从而吸引域内劳动力的流入；2000~2010年间，0~14岁少年儿童占比均处于负增长趋势，少年儿童数量的减少表明这些地区的潜在人力资源将面临流失；2000~2010

年，乐山市辖的马边彝族自治县的 0～14 岁人口占比只减少了 1.01%，2010 年 0～14 岁人口占比仍有 28.48%，远高于其他市辖区、县；2010 年其老龄人口占比也最低，为 7.68%，但其劳动年龄人口占比却出现了负增长，说明少数民族地区由于区内经济和资源压力大、生活水平和就业机会与其他区域落差大而产生的劳动力外流的趋势明显（吕红平等，2009）。总体来看，对称型收缩城市的人口结构仍是逐渐呈现"倒金字塔"结构，少年儿童和劳动年龄人口减少的同时老龄人口不断增加，社会抚养负担不断加大。

表 7-12　　　　　　对称型收缩城市人口年龄结构特征　　　　　单位：%

县市	各种年龄组人口占总人口比重								
	0～14 岁			15～64 岁			65 岁及以上		
	2000 年	2010 年	增长率	2000 年	2010 年	增长率	2000 年	2010 年	增长率
乐山市	19.60	14.00	-28.57	72.00	73.80	2.50	8.40	12.20	45.24
乐山市辖区	16.55	11.58	-30.03	74.36	84.29	13.35	9.09	13.02	43.23
马边彝族自治县	28.77	28.48	-1.01	65.79	63.83	-2.98	5.44	7.68	41.18
峨眉山市	17.72	11.60	-34.54	74.27	76.47	2.96	8.02	11.93	48.75
南充市	23.80	16.80	-29.41	68.40	71.20	4.09	7.70	12.00	55.84
南充市辖区	21.94	16.08	-26.71	70.38	77.99	10.81	7.68	10.84	41.15
仪陇县	27.53	19.02	-30.91	65.46	69.66	6.42	7.01	11.32	61.48
雅安市	21.18	15.81	-25.35	70.92	73.37	3.45	7.90	10.82	36.96
雅安市辖区	18.79	14.27	-24.06	72.72	73.98	1.73	8.48	11.75	38.56
荥经县	21.65	17.18	-20.65	70.66	72.05	1.97	7.69	10.77	40.05
德阳	18.77	13.01	-30.69	72.93	75.34	3.30	8.30	11.66	40.48
德阳市辖区	16.24	11.43	-29.62	76.17	78.34	2.85	7.59	10.23	34.78
广汉市	17.49	11.11	-36.48	74.07	77.45	4.56	8.44	11.44	35.55

资料来源：笔者整理所得。

（2）人口社会结构特征。

根据表 7-13 能够看出，从人口受教育程度来看，除雅安外，大学本科及以上学历人口占比在 2000～2010 年间均大幅增加，马边彝族自治县大学本科及以上学历人口占比的增长率达到 477.55%，虽然和其基数偏小

表 7-13　　对称型收缩城市人口社会结构特征

单位: %

| 县市 | 三次产业人口占行业人口比重 | | | | | | | | | 大学本科及以上学历人口占比 | | |
| | 第一产业 | | | 第二产业 | | | 第三产业 | | | | | |
	2000 年	2010 年	增长率	2000 年	2010 年	增长率	2000 年	2010 年	增长率	2000 年	2010 年	增长率
乐山市	76.40	61.46	-19.55	9.75	16.81	72.41	13.85	21.73	56.90	0.62	2.40	287.10
乐山市辖区	67.91	52.89	-22.12	13.59	21.84	60.71	18.50	34.15	84.59	1.11	4.36	292.79
马边彝族自治县	90.99	85.08	-6.50	1.77	4.50	154.24	7.24	10.42	43.92	0.10	0.58	480.00
峨眉山市	66.04	48.74	-26.20	13.47	20.80	54.42	20.49	30.46	48.66	1.07	3.32	210.28
南充市	83.63	58.15	-30.47	5.15	21.15	310.68	11.22	20.70	84.49	0.59	1.44	144.07
南充市辖区	74.15	42.37	-42.86	8.26	26.82	224.70	17.59	35.72	103.07	1.87	3.83	104.81
仪陇县	90.45	58.03	-35.84	2.34	23.86	919.66	7.21	18.11	151.18	0.09	0.47	222.22
雅安市	77.60	69.46	-10.49	9.10	11.91	30.88	13.30	18.63	40.08	1.10	3.34	203.64
雅安市辖区	64.77	47.02	-27.40	14.28	18.95	32.70	20.95	34.02	62.39	18.79	9.57	-49.07
荥经县	70.91	61.01	-13.96	14.04	18.02	28.35	15.05	20.97	39.34	0.22	1.02	263.64
德阳	73.64	60.26	-18.17	12.71	18.83	48.15	13.65	20.91	53.19	0.58	1.98	241.38
德阳市辖区	51.00	31.29	-38.65	25.79	29.90	15.94	23.21	38.80	67.17	0.02	0.05	150.00
广汉市	71.60	52.92	-26.09	13.78	23.59	71.19	14.62	23.49	60.67	0.01	0.03	200.00

资料来源: 笔者整理所得。

有显著关系，但所呈现出的人口受教育程度处于上升趋势，符合中国高校扩招的现实。2000 年，雅安市辖区大学本科及以上学历人口占比达到18.79%，到 2010 年也仍达到 9.57%，较高的高学历人口占比与四川农业大学本部在雅安市辖区有紧密关系，在 2000～2010 年间出现 49.07% 的下降幅度与四川农业大学校区的搬迁以及雅安市辖区人口数量的增加有关；但值得注意的是，对于雅安市而言，其高学历人口占比到 2010 年也仅达到 3.34%，从某种程度上说明雅安尽管拥有"211 工程"高校，但并没有释放出留住高学历人口的潜力。

总体而言，2000～2010 年间，第一产业就业人口占比不断下降，第二、第三产业就业人口占比不断增加，这与全域型收缩城市和边缘型收缩城市相一致，符合中国整体的产业升级趋势，但乐山、南充、雅安、德阳的第一产业人口占比均高于 50%，说明其工业化进程还处于初级阶段；具体到每个市，至 2010 年，市辖区第二、第三产业就业人口占比均高于其他市辖县，南充和雅安市辖区的第二、第三产业就业人口都已超过 50%，说明市辖区拥有较好的工业基础，能够提供大量就业岗位吸引人口集聚，同时达到一定人口规模后，将会催生大量的服务需求，进而推动第三产业的发展；从非收缩的市辖县来看，其第二产业人口占比在 2000～2010 年间均出现了大幅上涨，马边、仪陇、荥经、广汉第二产业就业人口占比增长率分别达到 154.24%、919.66%、28.35%、71.19%，说明在缺少市辖区天然的行政优势与地理优势，市辖县留住人口需要发展第二产业；2010年峨眉山第三产业就业人口占比达到 30.46%，高于第二产业人口占比，说明峨眉山第三产业吸纳劳动力的能力增强，与其依靠峨眉山景区的自然资源发展旅游业的现实相符合。

7.2.3　成渝城市群城市收缩的原因分析

7.2.3.1　中心城市的虹吸效应

中心城市的虹吸效应是成渝城市群城市收缩形成此种空间格局的主要缘由，这可以由虹吸效应正反两方面的作用予以展现。一是由于中心城市的基础设施、公共服务与资源、就业空间等比较优势，导致大部分人口和要素资源流向中心城市，为中心城市发展带来更有利的发展机遇。作为中国西部内陆唯一的国家级城市群，成渝城市群尚处于集聚型城市化阶段，外加成渝高铁的开通、通勤流的加强，存在着周边人口向成都、重庆集聚的现象；重庆、成都分别占有整个城市群流入人口的 24.39% 和 20.70%，地区生产总值比重约占整个城市群的 60%，意味着"双子星"不仅是城市群经济增长的核心，也吸引着城市群内、外人口不断流入，表明成渝城市群尚处于强核阶段。另外，泸州作为长江出川门户和中国著名的"酒城"、西南地区重要老工业基地，是成渝城市群中川南城镇密集区的中心城市，在城市基础设施建设、产业结构升级、引进投资、吸引人才等方面能够充分利用成渝城市群发展带来的机遇，因而未出现收缩现象。二是也恰恰由于中心城市对周边城市人口和要素资源的吸纳，导致周边人口持续流入，对周边城市发展产生更为不利的发展条件。受到虹吸效应影响，周边城市则面临着人口不断流失的危机，在成都、重庆两城中间地带形成"大都市阴影区"，遂宁、资阳则是典型体现，无论是在公共服务层面，还是要素资源层面，都无法吸引更多的人口继续留在本城市，出现大面积人口流失现象，进而呈现全域式收缩空间格局。位于两大都市圈周边的城市则出现边缘型、对称型收缩现象，也在于区域一体化效应背后所产生的常住人口流动速度的加强，导致次级城市出现局部收缩现象，这足以显示出成渝城市群存在双核心发展与次级城市发育不足并存的矛盾，区域内城市发展不均衡成为成渝城市群出现城市收缩的成因之一。

7.2.3.2　产业结构转换中的就业岗位不足

产业结构转换中的就业岗位不足也是成渝城市群出现城市收缩的重要机制，同样表现为两种模式，一是成渝城市群尚处于工业化阶段，城镇化快速发展也使得大量农业人口转移到区域内的中心城市与沿海大城市，另外，除重庆、成都两市产业结构大致体现为"321"模式外，其余城市的主导产业仍旧是传统的第二产业，但该种产业类型已逐渐被以高新技术产业为代表的新型第二产业所取代，导致城市就业岗位不足。根据《成渝城市群发展规划》，该城市群规划了三大产业集群，分别是以重庆、成都、德阳、绵阳、南充、眉山等为重点发展装备制造业，以重庆、成都、绵阳、乐山、自贡、德阳等为重要支撑发展以新能源、新一代信息技术为代表的战略新兴产业集群，以重庆、成都为核心、以绵阳、乐山、宜宾等为支点发展的旅游商务休闲产业集群。三大产业集群中只有装备制造业对劳动力有内在依赖，其余两个产业发展带来的人口流入并不能弥补整个城市群产业结构转型造成的人口流出，出现人口减少的特殊现象。二是改革开放以来，以四川为代表的西部地区为实现经济的大跨越，全面发挥工业化的作用优势，开始注重工业结构的调整，即由轻工业向重工业的转变，这也构成成渝城市群城市收缩的重要成因。以食品、纺织、家具、造纸等为代表的轻工业多属于劳动密集型产业，能够吸纳大量的就业人口，相对于以钢铁工业、冶金工业、机械、能源等为代表的重工业，对劳动力的需求数量较大，吸纳的就业人口也多。特别是随着东部产业向中、西部地区的转移，成渝城市群承接了大量的汽车制造、工程制造等产业，重工业的发展力度更强，可提供的就业岗位有限且对劳动者素质要求有所提高，造成大量人口外流以此寻找新的就业岗位，城市出现收缩现象。

7.2.3.3　人口老龄化趋势加重

人口老龄化已经成为国外城市收缩的重要成因，对于成渝城市群来说，不仅出现了老龄化，且老龄化趋势加重，也正是导致其城市收缩的直接因素。人口老龄化导致人口自然增长率持续下降，使城市人口相对减少，主要由劳动适龄人口比重下降和生育人口比重下降两个维度的过程使然。从人口老龄化导致劳动适龄人口相对下降来看，劳动人口的抚养系数增高，负担增加，相对减少了劳动人口的工作时间，从而抑制了劳动产出率和劳动效率，形成相对的城市产出萎缩。根据现有研究，四川、重庆均属于人口老龄化程度最为严重的区域，2010 年成都 65 岁以上老龄人口占总人口比重已经达到 9.71%，而成渝城市群所包含的其他城市老龄化程度均高于成都，其中资阳的老龄化程度最高，达到 13.56%。随着城市进入老龄化社会，受生育政策影响较深的城市人口抚养系数也会出现迅速上升，2010 年成都抚养系数最低，为 26.02%，而广安最高，达到 51.96%，意味着劳动年龄人口与被抚养人口比例几乎为 1∶1，彰显出极大的社会抚养负担，这不仅会增强劳动人口的抚养强度，扩大抚养系数，也会无形中抑制了劳动产出率和劳动效率，出现人口减少的趋势。从人口老龄化导致生育人口比重下降来看，有三种表现：一是人口老龄化自然降低了生育人口比重，从而相对地降低了新生人口增长率，进而降低了人口自然增长率；二是人口老龄化使劳动人口也是生育人口的负担加重，会促使人们为了减负而自动放弃生育，从而由自愿生育率降低导致人口自然增长率的降低；三是人口老龄化社会居民受教育水平普遍提高，追求文化和个人发展意愿远超过了追求家族人口发展意愿，从而使自然生育率出现下降。尽管国家放开了二胎生育政策，也没有起到提升出生率的效果，人口自然增长率下降，甚至出现人口负增长。2016 年成渝城市群 16 个城市中有 9 个城市人口自然增长率为负，在这种现实情况下，人口自然增长率的降低势必会加深城市收缩，对城市发展产生不利影响。这也显示出，如何缓解人口老龄化的趋势，将成为应对成渝城市群城市收缩的关键性步骤。

7.2.3.4 自然因素以及政府适当干预

在甄别出一般意义上的形成机制之外,对于成渝城市群来说,自然因素以及政府相应的干预也是构成城市收缩的重要原因。一是由于自然灾害的影响,为最大化降低灾害所带来的风险程度,人们往往会远离灾害多发区,奔向地形平坦的灾害少发区。成渝城市群大部分地级以上城市均分布于四川省境内,四川地跨中国第二、第三级地形阶梯,地形复杂且新构造运动活动强烈,地震、泥石流、滑坡、崩塌等灾害多发,是我国地质灾害最多的省份之一,为能够规避自然灾害所带来的危害,人们多会选择成都平原和川东地区等地形更加平缓,灾害相对少发的区域。乐山市辖的峨边彝族自治县、马边彝族自治县则是最典型的体现,该区域位于小凉山山区、四川盆地与云贵高原交界,地形、地势均不利于当地经济社会发展;而且该区域发展仍以第一产业和旅游业为主,发展空间有限,因此当地人口外流现象长期存在,收缩现象持续进行。此外,复杂多变的地形尤其不利于交通的发展,铁路、公路修建成本较高,航空运输条件则更为缺乏,依靠长江航道形成的沿江城市中仅有泸州、宜宾位于四川境内,交通不便对地区发展限制较大,导致人口外流现象显著。二是由于自然灾害的多发性,地方政府往往会适当干预人口的迁移,特别是大的自然灾害危害人类生命安全之时,政府部门会更加注重这一点。汶川地震过后,德阳市辖的绵竹县重建工作体现出政府对人口迁移的调整,绵竹受灾地区人口均转移安置,新建孝德镇、汉旺镇、九龙异地安置小区,并在震后重建过程中由政府主导了工业产业结构升级与新型农业、文化旅游业的发展。因此,自然因素以及政府适当干预也成为成渝城市群出现城市收缩的重要成因。

7.3 东北地区城市收缩的对比分析

7.3.1 东北地区与长江经济带城市收缩的对比分析

总体来看,长江经济带与东北地区范围内的收缩城市均出现于区域内经济相对欠发达地区,长江经济带收缩城市主要位于长江经济带北部地区,其中北部边缘地区表现最为突出;东北地区收缩城市主要位于东北地区的边缘地带;作为经济"龙头"的长三角地区、"沪—宁—合—杭—甬"经济带以及"哈—大"经济带沿线地区的市域尚未出现收缩现象。

从收缩城市数量占城市总量的比重来看，2000～2010 年间长江经济带范围内的 110 座地级及以上城市中有 52 座出现收缩现象，约占城市总量的47.27%，58 座处于非收缩状态，约占 52.73%；东北地区 41 座地级及以上城市中有 13 座出现收缩现象，约占城市总量的 31.71%，28 座处于非收缩状态，约占 68.29%；长江经济带城市收缩的总体占比明显高于东北地区。通过对东北地区收缩城市的空间特征类型分析可以得知，其收缩城市总体可以划分为全域型收缩、边缘型收缩和中心型收缩三种主要类型，其中全域型收缩城市有 4 座，占收缩城市总量的 30.77%，且均为资源枯竭型城市；中心型收缩城市有 5 座，占收缩城市总量的 38.46%，形成市辖区人口收缩与部分市辖县人口非收缩并存的局面，出现了城市中心区域衰落而郊区崛起的现象；边缘型收缩城市有 4 座，表现为市辖县收缩而市辖区非收缩。

从城市收缩的空间特征来看，2000～2010 年间长江经济带范围内共有30 座城市出现流动人口收缩现象，约占城市总量的 28.18%，流动人口的收缩呈现双中心并存的空间格局；收缩城市的三次产业就业人口占比在 2000～2010 年间的变化趋势表现为第一产业占比下降，第二、第三产业占比上升；收缩城市中有 13 座城市表现为高学历人口的收缩，占收缩城市总量的 25%，主要集中于长江经济带上游的四川省和贵州省；收缩城市均已进入老龄化阶段，劳动年龄人口增长率和抚养比增长率均呈现"点－块状分散布局"的空间形态；收缩城市中尚未有城市出现老龄人口收缩的现象；52 座收缩城市全部出现男性人口收缩，48 座城市出现女性人口收缩。相对于长江经济带而言，东北地区不同收缩类型城市的人口特征有不同特点：第一，就人口年龄结构特征来看，全域型收缩城市少年人口不断减少而老年人口急剧增加，但其劳动年龄人口增长幅度相对较低，全域型收缩城市的人口结构在 2000～2010 年间有往"倒三角形"发展的趋势；中心型收缩城市市辖区的 0～14 岁少年儿童人口减少速度快于市辖县，65 岁及以上老龄人口数量增加速度也快于市辖县，而 15～64 岁劳动年龄人口数量增加速度慢于市辖县，这种人口结构的变化意味着中心型收缩城市市辖区的社会抚养负担会不断增加而且未来劳动力会出现短缺；边缘型收缩城市呈现的人口结构为橄榄形，存在较大的人口红利，但由于其少年儿童占总人口比重较低，不利于现有人口结构的保持。第二，2000～2010 年间以辽源和伊春为代表的全域型收缩城市的第二产业人口占比减少明显，体现出了由于产业结构单一性和资源枯竭引致的资源型城市收缩的典型特征；

中心型收缩城市的三次产业人口变化情况符合产业升级规律，其市辖区的第三产业发展程度明显优于市辖县，而市辖县还普遍以第一、第二产业发展为主；边缘型收缩城市市辖区第一、第二产业人口占总人口比重均呈下降趋势，边缘型收缩城市市辖区第二产业人口占总人口比重高于市辖县，但二者差距逐渐减小，除满洲里市、扎兰屯市、牙克石市、根河市、新巴尔虎右旗的第三产业人口占总人口之比下降外，其余市辖区、市辖县均呈现上升趋势。第三，所有类型收缩城市的高学历人口占比在研究时段内有很大幅度的增长。第四，2000~2010年间三种类型收缩城市的男性人口占比均呈现下降趋势，其中边缘型收缩城市虽然也出现了男性人口外流的现象，但其速度明显低于全域型收缩城市和中心型收缩城市。第五，到2010年，所有类型收缩城市流动人口均为负值，2000~2010年间东北地区收缩城市的人口净流出情况均不断加重。

　　从收缩城市数量占城市总量比重来看，长江经济带城市收缩程度远比东北地区严重。从收缩特征或异质性角度来看，长江经济带与东北地区的城市收缩均表现为流动人口数量减少、老龄化程度加重以及男性人口的流失；但长江经济带收缩城市的"去工业化"表现相对于东北地区并不明显，第二产业就业人口减少是东北地区出现城市收缩现象的重要驱动力之一，其中表现最为明显的是资源枯竭型城市；再者，与长江经济带出现的高学历人口收缩不同，东北地区收缩城市的大学本科及以上学历人口占总人口比重在2000~2010年间呈现不断增长的趋势，吸纳和招揽人才也将成为东北地区各城市未来发展中的重要任务。

　　从城市收缩的原因来看，相对于长江经济带而言，东北地区的城市收缩范围较广、历史较久。长江经济带的城市收缩与东北地区城市收缩既存有人口流失、环境污染等共性因素，又存有不同历史背景、资源禀赋等个性因素。长江经济带城市收缩源自城市经济持续发展带来的局部性弊端，而东北地区城市收缩却源于众多难以及时化解的历史与现实因素。人口结构老化、居民高就业压力、资源型城市资源枯竭已成为导致两地区城市收缩的通病，除此之外，长江经济带城市发展中政策引导下的中心城市集聚效应促使资金、要素以及人口从城市周边流入，导致城市外围与城市边缘地区城市收缩；产业吸纳就业能力不足促使城市人口向第二、第三产业等就业吸纳能力强的地区跨区域流动，加剧具有相对落后产业城市地区收缩程度；城市以重工业、污染型产业推动工业化过程中造成城市环境严重污染、自然灾害频发降低城市人民生活质量，促使城市人口纷纷流动的三种因素成为导致城市收缩的关键所在。与之不同的是，东北地区城市收缩主要受到以下因素影响：僵化的体制机制衍生体制依赖现象，阻碍生产要素市场化步伐，市场机制发展不健全，导致城市资源低效配置；央企投资比重严重过高，经济发展过度依赖投资，导致消费端与出口端滞后发展，国有经济比重过高，民营经济羸弱，难以孕育良好投资环境；气候条件相对恶劣，城市各地区交通线路单一，地理位置局限性抑制城市经济高质量发展，加剧城市收缩程度；主导产业过度单一且尚未完成优化升级，产业链条过短并仍处于生产链条中低端，新兴产业缺乏，致使城市经济结构危机。

7.3.2　东北地区与成渝城市群城市收缩的对比分析

东北地区与成渝城市群的城市收缩也存在着明显的区别。从市域维度来看，成渝城市群区域范围内的 16 座地级及以上城市中有 13 座出现收缩现象，约占城市总量的 81.25%，主要集中于成渝城市群中部地区；东北地区 41 座地级及以上城市中有 13 座出现收缩现象，约占城市总量的 31.71%，主要集中于东北地区的边缘地带；两个地区的收缩城市均出现在区域范围内经济发展程度相对落后的地区，其中成渝城市群城市收缩程度远高于东北地区。从市辖区维度来看，成渝城市群区域范围内有 14 个市辖区出现收缩现象，约占市辖区总数量的 29.79%；东北地区有 65 个市辖区出现收缩，约占市辖区总数量的 62.50%；东北地区的市辖区收缩程度高于成渝城市群。从市辖县维度来看，成渝城市群区域范围内有 64 个市辖县出现收缩现象，约占市辖县总数量的 65.98%；东北地区有 124 个市辖县出现收缩，约占总数的 51.10%；成渝城市群市辖县收缩程度高于东北地区。其中成渝城市群处于收缩状态的区县主要集中于渝东北、渝东南以及四川中部地区，呈现连片、块状分布的特点，人口增长率呈现出明显的漏点状非均衡布局，且有明显的二重流动特点；东北地区收缩的市辖区、县呈连绵化分布于东北地区的边缘地区；在东北地区腹地，收缩的市辖区、县呈块状、斑点状分布，围绕着哈大经济带的主要城市，即大连、沈阳、长春、哈尔滨的市辖区周边分布有收缩的市辖县，人口增长速度呈现出由哈大经济带一线向两侧递减的趋势。

从城市收缩的类型来看，成渝城市群范围内的城市收缩可以划分为全域型收缩、边缘型收缩和对称型收缩三种主要类型，其中全域型收缩主要包含 5 座城市，占收缩城市总量的 38.46%，均位于成渝城市群中部地区，且呈现连绵化发展趋势；边缘型收缩主要包括 4 座城市，占收缩城市总量的 30.77%，形成市辖区人口非收缩与市辖县人口收缩并存的局面，且人口增长率由市辖区向周边呈递减趋势。对称型收缩主要包括 4 座城市，占收缩城市总量的 30.77%，主要分布于成渝城市群的边缘地区，非收缩的市辖区（县）被收缩的城镇所包围。东北地区的收缩城市总体可以划分为全域型收缩、边缘型收缩和中心型收缩三种主要类型，其中全域型收缩城市有 4 座，占收缩城市总量的 30.77%，且均为资源枯竭型城市；中心型收缩城市有 5 座，占收缩城市总量的 38.46%，形成市辖区人口收缩与部分市辖县人口非收缩并存的局面，出现了城市中心区域衰落而郊区崛起的现象；边缘型收缩城市有 4 座，表现为市辖县收缩而市辖区非收缩。成渝城市群与东北地区均出现了"市域 – 市辖区 – 市辖县"三维度人口同时收缩的全域型收缩现象，以及市辖区人口非收缩、市辖县人口收缩并存的边缘型收缩现象；但成渝城市群由于自身区域经济发展的特殊性，出现非收缩的市辖区（县）被收缩的城镇所包围的对称型收缩城市，而东北地区却与此不同，则出现了城市中心区域衰落的中心型收缩城市。

从城市收缩的结构特征或异质性的角度来看，成渝城市群收缩城市面临严重的人口老龄化问题，而东北地区收缩城市老龄化程度相对较轻；成渝城市群第二产业就业人口占比上升幅度最大，其收缩城市并没有出现"去工业化"现象，人口仍然不断向第二产业集聚，工业化进程仍在加强；而东北地区体现出了由于产业结构单一性和资源枯竭引致的资源型城市收缩的典型特征。

从城市收缩的原因来看，东北地区与成渝城市群在由于自然地理局限性导致城市收缩问题上具有诸多的共性特征，但根源于城市收缩内部的体制机制，东北地区与成渝城市群却大相径庭。成渝城市群城市收缩主要受以下因素影响：中心城市持续的虹吸效应促使城市外围以及边缘地区大量人口流出，抑制次城市生长，拉大中心城市与次城市差距，致使次城市局部性失衡；产业升级优化使得低水平劳动力吸纳能力骤降，众多低水平就业岗位随产业转移搬迁到次城市，城市人口收缩现象相伴而生；持续增加的城市老龄化人口比重，增添城市发展负担，抑制城市劳动生产率与经济发展速率的同时拉低城市自然人口增长率，逐年降低的自然人口增长率势必加深城市收缩裂痕。与之相对的，东北地区城市收缩主要受到以下因素影响：以高污染、高消耗为特征的主导产业单一且尚未实现优化升级，难以培育新型产业与产业链延长，抑制城市经济发展速率，造成资源配置效率低下，城市经济发展迟缓；源自历史因素的城市体制机制僵化，经济活动重度依赖于国家扶持政策指挥，自我发展意识薄弱，投资市场环境中政府"挤出效应"强大；城市交通基础设施建设滞后，各城市分散发展、各自为政，城市间较低集聚效应无谓拉大经济活动成本，难以有效吸引企业驻足，城市人口随企业搬迁流动，城市不可避免出现收缩。

7.4　本 章 小 结

本章选取国内典型的城市收缩区域，即长江经济带和成渝城市群，着重分析了这两大区域的城市收缩空间特征及结构，并分别与东北地区进行了对比分析，得出如下结论：

（1）通过对长江经济带城市收缩的总体性分析可以得出，110 座地级及以上城市中有 52 座出现收缩现象，约占城市总量的 47.27%；58 座处于非收缩状态，约占 52.73%。且收缩城市大部分分布于长江经济带北部地区，其中北部边缘地区表现最为突出；收缩城市与非收缩城市逐渐呈现连绵化的发展趋势，其中大城市绝大多数属于非收缩城市类型，彰显出大城市的人口集聚效应优势；而中小城市的收缩表现更为显著。

（2）通过对长江经济带城市收缩的异质性分析可以得出：第一，2000～2010 年间，有 30 座城市出现流动人口收缩现象，约占城市总量 28.18%，流动人口的收缩呈现双中心并存的空间格局，即长江经济带下游地区以合肥为中心的圈层区域和长江经济带中游地区以长沙为中心的圈层区域；52 座收缩城市中表现为流动人口收缩的共 9 座，占收缩城市总量的 17.31%，主要集中于长江中上游地区。第二，收缩城市与非收缩城市的大学及以上学历人口数量均保持着绝对增加的趋势，总人口中大学及以上学历人口占比不断增长，收缩城市中有 13 座城市表现为高学历人口的收缩，占收缩城市总量的 25%，主要集中于长江经济带上游的四川省和贵州省。第三，2000～2010 年间，收缩城市与非收缩城市均已进入老龄化阶段，劳动年龄人口增长率和抚养比增长率均呈现"点－块状分散布局"的空间形态；且城市人口抚养比呈现下降趋势，非收缩城市下降速度远高于收缩城市；收缩城市中尚未有城市出现老龄人口收缩的现象。第四，男性、女性人口增长率出现负增长的城市分别有 64 座和 58 座，约占城市总量的 58.18% 和52.73%；52 座收缩城市全部出现男性人口收缩，48 座城市出现女性人口收缩。第五，收缩城市和非收缩城市的三次产业就业人口占比在 2000～

2010 年间的变化趋势基本保持一致，其中第一产业占比下降，第二、第三产业占比上升；收缩城市的第一产业就业人口占比远高于非收缩城市，而第二、第三产业就业人口占比远低于非收缩城市；52 座收缩城市均没有出现第二产业就业人口收缩的现象，而且收缩城市的第二产业就业人口仍处于增长状态，其增长率高于第三产业。第六，不同的收缩城市呈现出不同的收缩特征，7.69% 的城市处于单维度的收缩，50% 的城市处于双维度的收缩，42.31% 的城市处于多维度的收缩。非收缩城市中 63.79% 的城市存在着单维度或双维度收缩的现象。

（3）通过对长江经济带收缩城市的原因分析可知，长江经济带所辖城市由于受到政治、经济、社会以及生态多重因素影响而产生收缩，其中政策因素引导下的中心城市集聚现象以及经济因素引导下的产业就业吸纳能力不足问题是导致该地区城市收缩区别于其他地区城市收缩的个性因素，也是造成城市收缩空间格局的根源所在。除此之外，社会因素导向下的人口老龄化现象、环境因素下居民生活质量追求以及规划因素导向下的城市共享发展受限是引致城市收缩的重要因素。

（4）通过对成渝城市群城市收缩的空间格局分析可以得知，成渝城市群 16 座地级及以上城市中有 13 座城市出现收缩现象，约占城市总量的 81.25%，主要集中于成渝城市群中部地区；3 座城市处于非收缩状态，约占城市总量的 18.75%，重点分布于城市群两侧边缘，且成渝城市群人口增长率呈现由中心向四周递增的趋势。有 14 个市辖区出现收缩现象，约占市辖区总数量的 29.79%；64 个市辖县出现收缩现象，约占市辖县总数量的 65.98%，处于收缩状态的区县主要集中于渝东北、渝东南以及四川中部地区，呈现连片、块状分布的特点；处于非收缩状态的区县则集中分布于渝西南、成渝城市群西部边缘地区，呈现斑点状、线状分布的特征。同时，人口增长率呈现出明显的漏点状非均衡布局，且有明显的二重流动特点。

（5）通过对成渝城市群收缩城市的特征分析可以得知，其收缩城市总体可以划分为全域型收缩、边缘型收缩和对称型收缩三种主要类型，其中全域型收缩主要包含 5 座城市，占收缩城市总量的 38.46%，均位于成渝城市群中部地区，且呈现连绵化发展趋势。边缘型收缩主要包括 4 座城市，占收缩城市总量的 30.77%，形成市辖区人口非收缩与市辖县人口收缩并存的局面，且人口增长率由市辖区向周边呈递减趋势。对称型收缩主要包括 4 座城市，占收缩城市总量的 30.77%，主要分布于成渝城市群的边缘地区，非收缩的市辖区（县）被收缩的城镇所包围。通过对成渝城市群城市收缩的人口年龄结构特征和人口社会结构特征分析可以得知，总体来看，少年儿童和劳动年龄人口减少的同时老龄人口不断增加，社会抚养负担持续加大；人口受教育程度呈现出持续上升的趋势，本科及以上学历人口占比均出现大幅度增加；第一产业就业人口占比出现大幅下滑，第二、第三产业就业人口占比则大幅上升，而且第二产业就业人口占比上升幅度最大，说明对于成渝城市群而言，收缩城市并没有出现"去工业化"现象，人口仍然不断向第二产业集聚，工业化进程仍在加强。

（6）通过对成渝城市群收缩城市的原因分析可以得知，由受到中心城市虹吸效应、产业结构升级下的就业岗位不足、人口老龄化趋势与自然因素及政府适当干预四种因素影响，成渝城市群出现不同程度的城市收缩。其中，中心城市的虹吸效应是导致城市收缩的首要原因，也是造成城市群现有城市收缩空间格局特征的关键影响因素。除此之外，而产业结构升级产生的就业岗位不足问题、城市人口老龄化问题加速、自然地理特征以及政府适当干预政策也成为导致成渝城市群城市收缩的重要原因。

（7）对比长江经济带与东北地区的城市收缩，可以看出：从收缩城市数量占总城市比重来看，长江经济带城市收缩程度远比东北地区严重。从收缩的空间特征或异质性角度来看，长江经济带与东北地区的城市收缩均表现为流动人口数量减少、老龄化程度加重以及男性人口的流失；但长江经济带收缩城市的"去工业化"表现相对于东北地区并不明显，第二产业就业人口减少是东北地区城市收缩现象出现的重要驱动力之一，其中表现最为明显的是资源枯竭型城市；再者，与长江经济带出现的高学历人口收缩不同，东北地区收缩城市的大学本科及以上学历人口占总人口比重在2000～2010 年间是不断增长的，并未出现收缩局面。最后，对比分析了两个地区城市收缩的形成原因。

（8）对比成渝城市群与东北地区的城市收缩，可以看出：从收缩异质性的角度来看，成渝城市群收缩城市面临严重的人口老龄化问题，而东北地区收缩城市老龄化程度相对较轻；成渝城市群第二产业就业人口占比上升幅度最大，其收缩城市并没有出现"去工业化"现象，人口仍然不断向第二产业集聚，工业化进程仍在加强；而东北地区体现出了由于产业结构单一性和资源枯竭引致的资源型城市收缩的典型特征。同时，对比分析了两大地区城市收缩的共性和个性原因。

第8章 东北地区城市收缩应对规划与体系协同策略

实现东北地区城市的精明收缩是完成东北振兴战略的重要一环，关乎整个东北地区的经济、社会、民生等各个层面的问题，也越来越受到理论界和中央及地方政府部门的高度重视。而对于东北地区的城市收缩，有着自身独特的空间结构和特征，如何在全面厘清该地区城市收缩的结构特征、作用机理及经济发展效应的前提下，制定出城市收缩的应对规划和城市体系的协同发展策略，将成为未来该地区需要关注的重点和难点问题。因此，本章基于前文的实证分析结果，考虑东北地区发展的现实基础，提出具有针对性和前瞻性的规划体系和协同发展策略，以期达到东北地区城市精明收缩的优质效果。

8.1 东北地区城市收缩应对规划

当前，面对新型城镇化和东北振兴战略的发展进程，对东北地区收缩城市的发展提出了新的要求，如何更好地应对城市收缩，破解难题，就需要创新城市规划理念，在紧密结合东北地区城市收缩空间结构特征的前提下，重点从精准规划与动态修偏相结合的弹性规划、基于城市收缩面的适应性规划、符合韧性城市建设需求的韧性规划三个层面展开规划体系的编制，为实现东北地区城市的前瞻性规划提供思想贡献。

8.1.1 弹性规划：精准规划与动态修偏相结合

城市一味地追求规模扩张无法为城市带来各项实力的稳定增长，还会对城市可持续发展产生负面影响，不切实际的扩张反而降低了城市资源配置的基本能力。对于部分缺乏财政支撑、经济实力较弱的城市而言，空间上的盲目扩张反而会加剧城市各项功能的收缩，如交通效率、资源密集度等，这将在很大程度上降低城市竞争力与吸引力，属于城市经济发展进程中的不理性做法。政府的资源配置功能反映在城市发展上就是通过合理有效的城市规划，科学制定出最优的城市各项指标增长界限，重点在于强化城市现有内部空间的有效利用，积极实施并对"控制增量、盘活存量"这一良性城市空间发展模式进行有效引导。而弹性规划则是实现上述目标的重要手段。

弹性规划要求充分利用弹性空间，这里的弹性空间多用于表示用来调节城市需求的、可以布局未来城市建设发展备用地。合理的规划和利用弹性空间能够产生积极的现实意义，不仅可以用来调节城市未来发展需求所需要的空间，而且能够根据城市发展不同阶段的实际状况，灵活配置各项设施，尤其是对未来城市发展建设备用地进行有效合理的布局。另外，弹性空间对于城市在日常运行中的突发危机情况相比已划定用途的城市空间而言具有较强调节作用，不仅能够有条不紊地应对城市危机，还能够迅速地恢复原状或调整为其他用途的城市设施，从而建设新的城市增长平衡点。基于此，本研究基于精准规划与动态修偏相结合的研究视角，为东北地区城市收缩提出弹性规划的基本举措。

8.1.1.1　合理制定弹性的规划目标

弹性规划要求城市在对空间体系进行充分利用的基础之上，合理配置现有的城市资源，杜绝盲目扩张现象，即弹性规划的目标应当服务于城市的社会职能、有利于促进城市经济发展与产业结构合理健康、产业经济的质量与效益不断提升，促进城市环境的保护与吸引力的提高，并以此作为宗旨对现有的资源进行调配，达到资源合理配置的目标。同时也要求清晰地认识到城市中各个部分的需求与现阶段发展的任务，明确城市薄弱环节与亟待改善的方面，最大限度地通过弹性规划来弥补短板、提升质量、改善结构。对于东北地区的城市则更应当将弹性规划的目标总体上定性为：政府将之用于发展经济、调整现有不合理的产业结构，去产能、去库存、扩大招商引资规模，提升居民收入水平，刺激居民消费，改善居民赖以生存的城市环境，为潜在的开发商提供便捷的交通条件和完善的经营投资所需的基础设施等。东北地区资源型城市较多，随着自然资源逐渐枯竭，城市产业结构转型发展迫在眉睫，因此，政府在进行城市规划时，应当充分明确这一主要矛盾，深入推广弹性规划的理念，强化对城市备用地的利用效率，精简城市规模，增强单位城市空间的利用效率与创造效益的能力。

只有制定了城市的弹性规划目标,未来城市的发展才有可能规避人口日益流失的收缩现象,进而实现人口收缩向精明收缩的合理转变。

8.1.1.2 有效制定弹性的规划布局

弹性的规划布局要求城市在进行规划时,应当根据城市自身的区位条件与实际状况因地制宜,充分考虑各个城市不同片区的传统优势与不足,在此基础上进行弹性规划,尽量规避"一刀切"或一成不变的现象出现。具体来说,东北地区的城市绝大多数是老工业城市,随着我国能源型企业与能源型城市逐渐走向衰落,在这种时代背景下可能会导致众多闲置土地的出现。老工业城市中不同用地的区位条件、环境状况与被污染破坏的程度、土地附属物的产权归属和土地使用权及其构筑物的归属以及城市建设用地周边的环境存在较大差异,这些差异还深刻地受到了城市居民分布、城市中经济产业分布的影响。布局的弹性要求针对不同用地的使用成本以及预期达到的目标效益建立量化指标,这些量化的指标在规划进程中应当重点评价各不同条件的用地在未来进行规划时,新建项目的经济与社会效益,针对新建项目与更新改造项目的实施效果进行及时反馈并对先前的城市规划布局进行弹性调整。只有制定出了弹性的规划布局,才能合理有效地实现东北地区城市土地的合理利用,提升利用效率和集约化水平,也才能规避东北地区城市的盲目扩张,并为城市精明收缩提供思想贡献和行动贡献。

8.1.1.3 合理确定弹性的规划分级

东北地区大部分城市在规划分级过程中应当具有弹性,具体来说就是针对自身城市的发展阶段与产业分布、居民分布及其变化规律,同时还要考虑到基础设施的分布以及产业-居民-基础设施的配合程度及其敏感性,基于这些标准进行规划分级。如当城市中相关片区的人口出现大幅度减少、用以支持城市发展的经济产业增长不足,城市建设的需求程度较低、效益不高时,城市周边及其内部的非建设用地、城市内部出现的闲置土地,或已废弃的用地及衰退的工业用地应当将之规划为绿色用地,用于合理利用城市土地资源,改善城市环境与居民生活质量。而当城市中人口增长、经济回暖并处于增长状态时,此时城市应当把握机遇加快建设步伐,城市周边及其内部的闲置土地与原有建筑废弃土地应当规划为建设用地,缓解城市面临的因人口增加带来的空间紧张等问题,并借助人口红利扩大产业规模,吸纳外来人口,招商引资,改善环境,为城市的发展开创新的增长点。城市经济发展具有复杂性,不同城市区位的功能与发展潜力也不尽相同,此时弹性规划要求政府应结合城市中的人口分部、产业实力与空间分布、资源丰富程度、环境污染程度等多重因素进行综合分析，合理调整规划城市用地的分级。

8.1.2　适应性规划：基于城市收缩的实际面

通过上文的分析我们得知，收缩城市已经成为全球化背景下各个城市都应当关注的重要问题，当然对于不同的城市而言，每个城市出现收缩的原因也不尽相同。在城市规划理念持续更新、发展政策不断完善、市场环境不断改变的现实状况下，静态蓝图式的规划无法顾及实际的城市发展状况。为此，东北地区各城市在应对城市收缩的问题上，应该对其涉及的诸如人口流失、经济衰退、环境恶化、就业机会减少及社会问题等多个维度进行准确分析与处理，基于城市收缩的实际面，聚焦于城市发展的新机制新路径，在理念规划、具体实践层面制定合理的应对策略，实现城市复兴。

8.1.2.1　构建产业良性循环发展的新机制

通过明确东北地区城市收缩空间结构和特征，得到关于城市收缩作用机理的实证结果之后，可以看出，东北地区大多数的资源型城市均出现了收缩现象，这就需要针对由人才流失导致的东北地区经济下行压力，持续加大创新能力，实施人才优惠政策，引入高技术创新型人才，建立产业良性循环发展机制。调整产业结构就必须建立一套人性化、可持续化的人才引入机制，对引进来的高技术创新型人才加强培养力度和重视程度；同时，对高新技术企业给予政策扶持，资金保障，以此来确保高新技术企业的成果投入市场的高效性。另外，东北地区的管理层、城市规划部门等利益相关者要转变固有的传统理念和官本位的认识，特别是服务于高新技术企业的管理人员，要认真贯彻落实各项规划政策和实施条例、措施，规范市场经营环境，确保新形态、重创新的高新技术产业的规模化发展有序进行，引领传统工业的改造升级，实现创新产业与传统产业协调发展的良性循环，这样才能为东北地区城市发展提供强大的产业支撑，也才能为东北地区城市的精明收缩以及东北振兴的实现贡献力量。

8.1.2.2　盘活国有经济的发展水平

东北地区的城市适应性规划应当着眼于目前的实际状况，即国有企业占经济比重过大，导致经济活力不足，新兴互联网产业与现代服务业占比较低且发展相当缓慢，地区债务水平与老旧的设施维护费不仅导致财政无源，更使得财政出现高额赤字，降低了政府的资源配置职能；产业结构不合理导致产能严重过剩，引发资源浪费，传统的资源型城市发展模式面对自然资源枯竭的现状也缺乏强有力的整改措施。对此，东北地区城市应当进行适应性规划，着眼于东北城市面临的实际现状，不能一味地模仿经济发达城市的发展模式，应当转变经济发展的固有观念，通过建立高新技术产业园、鼓励民营企业的发展以及较合理的激励体系吸引更多人才入驻，盘活国有企业的发展水平，充分发挥国有企业在东北地区的隐形优势和潜在力量；同时，东北地区在城市规划和实际发展中应当有效加快城市配套设施的建设步伐，为新一轮的产业升级打下坚实基础，能够为规避城市收缩提供公共产品的基本保障，也有助于为东北振兴提供策略贡献。

8.1.2.3 因地制宜进行产业选择

在以自然资源为基础的产业上，如矿产资源、农林牧渔、中药、木材、粮食等产业，深耕产业链条，打造集资源开发、精细加工、市场化于一体的一条龙运作模式，形成具有东北特色的企业、品牌，以此打破资源诅咒的魔咒。重工业和制造业产业方面，要充分根据市场实际需求进行产品研发，引入市场竞争机制，积极鼓励社会资金的流入，培育一批充满活力的民营企业，真正开发出市场容纳度高、竞争力强的产品。在战略性新兴产业方面，集中优质资源，实现技术突破。具体来看，重点从两个途径进行深度发展：其一，通过延伸原有产业发展链条，实现与战略性新兴产业之间的无缝对接，如通过拓展石油化工、炼铁冶金、精密车床等产业的产业链条，为新兴产业的快速发展提供所需的各种要素；其二，注重新兴技术的开发及利用，扩大市场普及率，诸如，大数据、云计算、物联网等先进技术，可以为新型科技化农业、智慧医疗、汽车制造业、城市生态修复等产业带来新的发展契机。因此，对于东北地区收缩城市而言，在未来的发展中要持续加大力度、率先布局具有一定优势的战略性新兴产业，优先布局，把握产业发展的良机，规避由城市收缩所产生的不良后果。

8.1.3 韧性规划：韧性城市建设的需要

东北地区收缩城市所呈现出来的持续人口流失、经济持续下行、多行业发展不景气等诸多问题，已经给社会、环境、城市产业方面带来了一系列的弊端。加之东北地区资源型城市居多，其产业架构通常带有单一性和不稳定性的特征，对国家政策、经济局势、国际环境等方面的依赖程度密切。这些动态的、不稳定的内外部环境给城市发展带来了严峻的挑战，因此，以可预测性和灵活性为核心的韧性城市规划是东北地区城市发展的必然选择。韧性城市具有像弹簧一样，受到一定的压力之后再次恢复原状的能力，韧性城市包罗万象，涉及面广而深，气候变化、环境污染、交通拥堵、垃圾围城、废弃土地等所有关乎居民健康和福祉的现实问题都属于韧性城市包括的内容。基于此种认识，对于东北地区收缩城市的应对规划，本研究认为韧性规划是未来发展的必然选择，为此主要从以下几个方面来进行，以增强城市韧性度，实现城市的精明收缩。

8.1.3.1 培育韧性城市空间规划理念

转变规划理念，重新梳理空间规划体系是韧性城市建设的重要步骤。就我国传统的城市规划理念来看，主要集中于城市空间资源的合理利用和有效保护，辅之以城市减灾规划以及公共安全规划，这就说明我国现存的城市规划中极少会将城市安全与减灾作为城市规划的重要导向。中共十八大报告中提出，要求构建以空间治理与空间结构优化为主要内容的空间结构体系，这就为新型城市规划理念的培育提供了重要的政策基础。首先，转变传统城市规划思路，编制韧性城市规划实施体系，在城市规划中发挥超前的思维，自上而下建立韧性城市规划细则，并将其作为指导东北地区城市建设的重要向导。其次，提高对于城市安全的重视程度，加紧建立健全城市减灾系统，加强对城市可能发生的灾害事故的预防与监测能力，一旦灾害发生，能够快速进行定位并有序实施救援，多方位、全面化的开展韧性城市规划行动。最后，要对城市规划进行动态修偏，通过密切关注韧性城市规划的运行状况，摆正实际发展方向，从而推动我国韧性城市的建立与长效发展。

8.1.3.2 发挥典型城市示范引领作用

典型城市的辐射与带动作用是推进韧性城市规划和建设的重要环节。从我国韧性城市的发展现状来看，目前已有四座城市入选"全球 100 个韧性城市"计划，这四座城市应抓住这一机遇，并对其他城市的发展做出表率。首先，应利用高端国际对话与合作平台，大力改善生态环境，加强韧性城市建设力度，不断提高城市发展持续性、宜居性和抗风险的能力，着力在东北地区掀起韧性城市的建设热潮。其次，政府应在城市建设过程中发挥重要作用，提供相应的资金支持，通过社会资源的合理配置为韧性城市建设系统提供政策及资金，为政策顺利执行提供重要的资金保障，这一举措的实施与开展促使城市面对自然及人为灾害时，能够在第一时间进行灾后重建，修复基础设施，并能够从容应对后续的城市风险。最后，由于我国目前韧性城市的基本建设仍处于初期阶段，政策及制度建设仍不完善，所以通过典型城市的率先发展能为其他城市提供有价值的经验教训，摆正城市发展前进的方向，避免盲目探索导致的人力、物力、财力的损失和浪费。

8.1.3.3 加强部门协同管理，建立灵活决策机制

不同部门之间协同管理是加强城市韧性的重要环节。协同管理是指将不同部门的资源以及能力进行整合，从而达到高效完成某项工作的目的。这一管理模式的本质就是打破不同资源之间的壁垒，使得各项资源能够有效整合，以达到利用效率的最大化。协同管理对于增强城市的灾害能量吸收力以及灾后恢复能力的效果十分明显，因此在韧性城市的建设过程中注重对各部门能力的合理利用尤为关键。首先，明确各部门的职责，从城市灾害预防与监测到灾后重建修复工作都要有相应的部门全权监管，将目标工作进行细化，有利于各项工作有条不紊地完成。其次，要不断加强各部门之间的合作，完善各部门之间的沟通，各部门之间的信息交流越及时，相关部门的对应工作就能够越及时有效的进行调整，一旦城市灾害发生，就能够迅速有效的确定城市灾害发生的关键路径，帮助各部门对灾害防治力量、灾害救援力量以及灾后修复力量进行合理分配，通过集中发力有效控制城市灾害风险度，最大限度地降低灾害后果，最终通过各部门的共同努力协助韧性城市的建设与发展。

8.1.3.4 完善灾害监测系统，推进减灾技术研发

完善灾害监测系统，加强相关技术研发是降低城市灾害风险的重要关卡，也是加强韧性城市建设的重要策略。现代城市灾害主要呈现出种类多、范围广、破坏性大等特征，在这样的灾害特性前，如何对灾害进行有效的监测成为增强城市韧性，提高城市免疫力的首要任务。首先，各领域应积极支持灾害监测部门的相关工作，完善灾害监测系统，增强系统判断的准确性与及时性，加强风险评估，包括区域内灾害识别、财产损失程度、灾害风险分析以及有关损失预测等，对灾害相关工作处理到位，减轻城市受灾范围与程度。其次，应积极鼓励政府与相关学科交流合作，有针对性的推进技术发展，全面提升城市防灾减灾系统，利用高科技增强城市韧性。最后，城市灾害应急救援是一项涉及面广、专业性强的工作，系统内的各个部门都有自己相应的职责以及构建特点，必须把各方面的力量组织起来，形成统一的指挥部，使灾害监测部门以及应急救援部门协同合作，保证灾害监测系统的完善性，从技术层面为我国韧性城市建设进程的推进提供重要的支撑。

8.1.3.5 多层面多角度增强城市抵御风险能力

韧性城市的基本要求是增强城市抵御风险的能力，不仅包括抵御自然

灾害、环境污染的能力，还包括抵御经济风险的能力。在经济上，建设韧性城市应当深刻落实去杠杆、去产能、去库存的国家大政方针，简政放权与加强地区监管相结合，淘汰落后产业，积极引入新产业，为经济增长注入新的活力，与此同时还应当认识到虚拟经济的不足之处，通过优化经济形态，合理配置互联网经济与实体经济，使实体经济与虚拟经济相融合，以应对日益复杂的金融经济环境与地区间的产业竞争；在环境上，韧性城市要求建立应对环境污染等城市问题的良性机制，因此，淘汰落后的高耗能、高污染产业成为了大势所趋，东北城市从新中国成立以后就主要发展资源型产业，因而存在众多的高排放、高耗能产业，导致地区整体出现资源枯竭的状况，但同时东北地区权力较为集中。基于此，东北地区城市发展中一方面可以发挥集中权力的优势，合理规划韧性城市，积极淘汰高污高耗产能，积极引入新兴产业与高新技术产业，建立相应配套设施；另一方面也要避免权力集中带来的不足，如官僚主义、审批效率低下、官员作风等问题。

8.1.3.6　积极参与国际合作计划，提升建设效率

加强多方合作，紧抓发展机遇是强化韧性城市建设和提升建设效率的重要途径。联合国减灾署的"让城市更有韧性"计划以及洛克菲勒基金的"全球 100 个韧性城市"计划是国际社会上最受关注的关于韧性城市建设的国际合作组织，这两个国际合作组织为了推进全球韧性城市的建设都会采取各自的方式对目标城市提供相应的帮助。"让城市更有韧性"计划是通过帮助入选城市的政府建立相应的政府网站，并且发展良好的城市可以进行榜样城市的评选；而"全球 100 个韧性城市"计划则会对入选城市提供资金以及相关技术的支持。目前，这两个国际合作组织的参与者中均有我国的城市，说明我国韧性城市的建设已经迈出了关键的一步，但是要实现更多成员的加入，还有很长的路要走，对于东北地区而言更是任重道远。首先，积极利用国际合作组织提供的资金以及技术的支持，这属于快速发展的捷径，相比较而言，国外部分城市对于韧性城市的发展逐渐形成特有的模式，而我国仍处于建设初期，东北地区必须跟随国家战略意图，在考虑自身实际的基础上，积极追随国际有关组织的发展步伐，并在一定程度上减轻发展初期的压力。其次，加快建设与国际城市的合作网络，双方通过建立友好合作的交流平台，能够就韧性城市的长期发展进行充分的探讨。最后，与国际韧性组织相关各方进行技术以及战略协作对接，积极拓展相关的国际项目，为东北地区乃至我国韧性城市建设与发

展提供全新的视角。

8.2　东北地区城市体系协同策略

对于东北地区而言，城市收缩已在部分城市开展，特别是资源型城市表现尤为突出，这将为城市发展及东北振兴带来大量的负面效应，如何在全方位恪守弹性规划、适应性规划和韧性规划等理念的前提下，制定出东北地区城市体系的协同发展策略，进而确保各城市能够严格按照协同的思路去发展，成为当前东北地区规避城市收缩进而实行精明收缩的重要举措。

8.2.1　实行精明收缩，关注城市品质而非规模

在中央城市政策引导、产业调整转型升级、经济进入新常态这一背景下，传统单一的以"城市人口增长"为导向的城市发展价值观已经背离了东北地区的城市发展方向。我们应正确认识到：人口客观基础决定了东北地区城市进入收缩时代，而且这一结果不可逆转并且还会持续相当长的一段时间。东北地区各级政府部门及城市规划部门都要统一思想认识，对城市收缩进行准确定位，正视城市收缩的现实与规划从关注城市品质而非城市规模入手，转变城市必须增长的认识误区，实行精明收缩，重点提升城市品质。

8.2.1.1　完善相关法律法规，合理规划城市布局

在东北地区城市收缩的大背景下，为能够实现城市体系的协同发展，就必须完善相关法律法规、合理规划城市布局，对东北地区城市发展总体规划的审批严格把控。这就需要在不同的阶段要做到高效性，在审批阶段，审核人员要结合各个城市发展水平对预期人口规模和用地规模严格核对，确保规划的可操作性以及科学合理性。审核环节中，对于出现的违规违纪现象，严惩不贷予以刑事追责。审核完成的实施评估阶段，对于未能完成规划中所计划的目标，瞒报人口规模和用地规模情况的情节，采取停职查办等相关程序进行处理。同时，激活城市新功能，注重产业结构转型。保持以往工业增长点的同时，深度推进可持续发展行业，针对东北地区的收缩城市，努力致力于生态化发展的道路，打造城市高水平的创新能力，保持经济活力。牢固树立社会主义生态文明观，推动人与自然和谐发展的现代化建设新格局的形成，为保护生态环境做出积极努力，加快绿色

产业结构的发展，注重人与自然的和谐相处、绿色健康的振兴城市经济。

8.2.1.2　强化资源的利用效率，提升经济和环境双重效益

注重经济效益忽视环境效益的发展模式是一般地区城市发展中所采用的基本套路，这在诸多的城市发展实践中得以体现，对于东北地区而言，若要实现城市体系的协同化运行，则必须强化资源的利用效率，提升经济和环境双重效益，形成经济质量高、环境效益好的发展效果。精明收缩要求东北地区的城市发展注重质量和效益，抵制假大空的面子工程，防止经济资源的浪费，这就需要在未来的进程中持续提高现有城市资源的利用效率，增加单位资源创造经济与社会效益的能力，注重经济效益的同时改善环境效益。另外，要合理规划各项产业在城市中的布局，并根据基础设施建设的现状，合理安排城市各个功能区，积极发挥传统优势商圈的辐射功能，大力发展高新技术产业，加强对核心产业的支持力度，有效促进老工业片区的改造工程，改善工业片区的质量与环境。在这样的发展状态下，东北地区城市品质才有可能得到提升，精明收缩的效果才有可能得到实现。

8.2.1.3　加强绿色空间存储，增强区域支撑水平

从我国目前出现收缩现象的城市来看，大部分城市出现了"空地"现象，将"空地"以绿色空间的形式进行保护是规避城市收缩危机，实现城市再开发的重要契机。东北地区作为我国历史悠久的老工业基地，在经济新常态的背景下，城市面临产业竞争力低下、产业结构不合理、转型升级困难等众多问题。在这样的经济大环境下，未来发展方向尚处于模糊状态，存在不确定性，因此，将城市内部逐渐废弃的工业集中区改造为绿色空间并储存起来是应对目前经济衰退、城市收缩的重要途径。必须高度重视城市绿色空间的存储水平，加速形成绿色空间的应急转化机制，一旦城市人口规模急速上升，储备的绿色空间将有效地转化成商业、公共服务、居住等满足城市人口基本生活的重要需求。这是实现城市精明收缩、提升城市建设质量的重要路径。另外，任何城市的收缩范围以及收缩程度都与城市本身的经济发展水平密切相关，适当的城市收缩并不等同于城市萎缩，因而如何从城市收缩的过程中增强城市发展能力，实现城市收缩的精明化也是应对城市收缩的重要举措。城市发展很大程度上依托于城市区域支撑水平，也即一个区域对城市市场、就业、劳动、资本等要素集聚能力的培养与利用，因此，必须不断完善城市区域结构，深化城市区域功能，提升城市整体支撑水平，实现城市精明收缩，最大限度地降低城市收缩的不良影响。

8.2.1.4　重塑城市空间结构体系，提高区域支撑能力

借鉴城市群、经济带的发展理念，对空间结构进行再布局，可以快速

实现区域之间的协调发展和资源共享，从而提升城市的联动效应以及各个城市在整个区域内的作用优势，预防东北地区城市收缩的发生。一方面，重塑核心城市，并实现与周围地区资源的互通。这就需要核心城市具有较好的经济基础与配套设施，将核心地区赘余的资源分配到周边，而对周边地区的资源整合再利用，促进整个地区的联动发展。另一方面，全方位优化城市内部人口布局。通过强有力的政策支持以及城市功能划分，推动人口在城市功能区的合理流动，避免人口过度增长；对于不同需求、不同能力的人口进行科学引导，使其既投身于城市建设又能满足自身生活，避免"空城"的产生。对于较为落后的村镇，也可以采用类似的发展模式，依托于附近的城市，实现基础设施与产业资源的共享，全方位为务农人口转移提供充分的就业岗位，调动村镇生态、资源、劳动力等进入城市，同时以城市先进的科学技术与经济基础支撑村镇的发展，彻底打破城乡二元结构，也能够提高村镇在区域内发展的地位，实现统筹发展。通过重塑空间结构体系，可以有效提高城市之间的协调性，充分发挥各城市自身优势，避免区域发展的边缘化而发生收缩现象，实现城市精明收缩。

8.2.2 合理调整区域边界，建立多层级的城市体系

面对东北地区城市收缩的发展现实，从中央到地方政府、省以下政府尤其是各地区的公众，都要积极地参与进来，尤其是公众自下而上的参与，更能给城市带来新的活力、动力。城市收缩是一个动态、持续的过程，涉及人口、经济、住房、基建、文化等各个方面。首先，在应对城市收缩的治理策略中，要积极发挥政府的政策支持、增加无条件转移支付的比重从而实现产业发展升级、创造出更多更好的就业岗位，同时合理利用市场的力量，稳步放开市场，逐步开展政企合作的方式，结合政府的公信力、政策支持和企业自身力量共同推动经济发展和就业岗位的创造。其次，给城市居民和居民委员会赋予一定的权利，促使基层公众主动地参与其中，出谋划策。例如，借鉴国外开展"先锋文化""都市农业""城市自建活动"等优秀的先进经验，使基层公众参与城市活动，形成自下而上的主动适应的城市建设机制。

8.2.2.1 合并经济、行政相矛盾的行政区，实现经济与政治互通

部分地区之所以会出现城市层级体系的混乱性和不合理性，重要的一部分原因在于经济区和行政区的矛盾性，两者间无法互通有无，在行政区固化的前提下，若要实现城市层级体系的合理性和规范性，会产生较大的

阻力。因此，东北地区城市发展中要合理规划布局新的经济区，将东北地区原有的经济、行政相矛盾的区域合并为同一个经济区，达到经济区域与行政区域相互重合的效果，进而实现城市层级体系的合理化。同时，全方位整合城市职能体系，将以往不具有区域中心聚合力的区域撤掉，与其他城市相互合并为新区，并共同对新的经济中心进行规划、建设、经营，通过"一撤一并"的区域调整，改变过去东北地区许多资源型城市计划经济残留体制，不但有利于产业的集群化发展与公共基础设施有效建设，也有利于政府的经营管理职能有效发挥，从而建立起等级明确、更为有效的城市体系，对于合理的规避城市非正常收缩也有着举足轻重的意义。

8.2.2.2　实施跨区合作的建设方案，建立多层级的城市体系

当前的城市发展中多表现为一种单一的竞争状态，即在行政区域内部进行的规划建设，明显缺乏合作的观念，这就导致部分城市没有纳入区域合作的框架范畴内，进而引发城市经济运行效果不尽人意。对于东北地区而言，为能够建立多层级的城市协同体系，必须要实施跨区域合作的建设方案，这样才能实现规划的战略意图。作为东北地区的四大核心经济圈，哈尔滨、长春、沈阳、大连，尽管是形成了各具特色的发展机制，也表现出显著地空间带动作用，但与目前国家较为成型的长三角、珠三角经济圈相比，存在着较大的问题，不单纯表现在经济发展的滞后方面，更为重要的是缺乏合作意识，没有形成区域一盘棋的发展效果。这就需要四大经济圈积极开展跨区合作，合力应对东北地区城市收缩，共同执行规划、建设东北地区的重大任务，集中四大经济圈内部的产业、资金、人才、公共服务等资源，做到资源共享、有效合作；同时，高质量规划建立联合资源部，负责对整合后的资源再分配，根据每个区域的实际发展水平合理分配资源，避免每个经济圈资源浪费及腐败现象的发生。这样一来整个区域的城市才有可能形成合作共赢、错落有致的发展新格局。

8.2.2.3　改善城市总体布局，优化城市产业职能

东北地区的城市经济发展主要依托于城市资源的开发，但这一发展模式已经与现阶段的经济新常态形成矛盾。为能够促进城市化与区域产业结构的和谐互动，必须着重改善城市总体空间布局，优化城市产业职能。要从整体区域状况出发重新审视整个区域内部的经济发展模式，注重城市群等广域集聚的空间结构形式，规划新的城市空间布局，发现新的发展优势，选择合适的增长点，制定总体的规划结构。这是由于一个区域必须充分明确自身的优势与劣势才能推动区域整体的发展。要不断提升城市之间

的良性互动，借助区域内部的城市互动完善整个东北地区的对外开放水平以及经济发展水平，加快各城市在生产、生活性服务中的互补性发展，推进整体综合服务功能的产业化发展，增强高新技术、科学研究、文化教育、医疗卫生、信息技术等方面的服务功能。同时，加强区域间交通运输网络的可达性，提升区域内空间发育水平，为区域城市产业链条的深化提供必要的基础条件，强化交通服务功能以及城市产业协调、要素配合的能力，促进整个都市区域内的协调发展。

8.2.3　注重城市化区域建设，提升城市综合承载力

城市化区域是指由一到两个大城市为核心辐射，由多个中小城市的腹地而形成的遍布城市生活方式的人类生活区域。它的内涵表现在：一是城市化区域中的城市个数不断增加；二是城市化区域中实现规模经济的城市个数不断增加；三是城市化区域中城市人口密度不断增加；四是城市地区、城郊地区和部分农村紧密地连在一起，形成城市化的生活区域。

随着城市化、乡村工业化、城市区的辐射作用及大量农业人口转变为非农业人口等因素，城镇之间的乡村生活方式和生产方式逐渐城市化，传统的小农经济生产方式逐渐被农业工人和乡村工业化取代；另外，随着城市中心的扩散效应及远郊乡村向城市靠拢的集聚效应双重影响，传统乡村的生活方式也逐渐城市化。随着乡镇工业及第三产业的快速发展，传统村落的同质同构性逐渐减弱，传统的乡村聚落由单一的农业生产和村民居住职能逐渐转变成涵盖观光旅游、疗养度假、生态农业、农产品深加工等多元的复合功能。在空间组织上，随着城乡社会经济联系日益紧密，乡村空间面临分化与重组，乡村地区的人口和产业开始逐渐向城镇和中心村集中，村庄呈现集聚发展。农业空间组织形式日益向园区集中，农业人口兼业化日益向社区集中，并由此引发了对乡村住区集聚建设的高度需求，由零散的空间布局转向集聚式的社区布局。随着中国经济的发展与城市化进程的加剧，未来中国势必要形成多个较大的城市化区域，这也是东北地区收缩城市未来的发展方向。

8.2.3.1　了解城市规模结构，实施"市经济"① 发展对策

任何城市区域内都存在特定的城市基础部门，这是城市发展的着力

---

① "市经济"就是以城市产业和城市商流为代表的私人经济，与以城市土地和城市基础设施为代表的公共产品的"城经济"形成鲜明对比。城市经济发展本质上就是"城经济"和"市经济"的发展。城市化区域的形成与发展必须在全面掌握城市规模结构的基础之上，对"市经济"发展对策有一个具体的明确，方能实现城市综合承载力提升的战略意图，规避城市不正常收缩的发生。

点。城市基础部门也是支撑城市发展、推动城市成长的重要动因。它是以外部市场为主要方向，将输出作为经济提升动力的产业集合。一旦城市可输出的商品大幅增加，甚至超出城市自身消费时，输出部门创造的极大的就业缺口就会吸引城市人口迁入，促进城市人口规模扩大，实现城市经济稳步增长。反之，如果城市的核心部门或相关机构对于城市本身的基础规模以及城市基础部门存在模糊定位，就会严重影响城市的增长速度以及增长质量。因此，城市化区域建设中，首先必须摸清城市基础部门的规模，相应的提出切实的经济发展对策。城市经济发展对策包括城市产业政策以及就业政策，这是引导城市发展的重要环节。产业政策包括了产业结构政策、产业组织政策、产业技术政策和产业贸易政策；就业政策包括了人力培训、工资指导、失业救济和公共就业等政策。政策的最终目标是通过探索城市本身具备的扩展空间，利用切实有效的产业政策创造众多的就业机会，推动就业政策的完善，加速拓展城市就业空间，最终实现城市经济增长。

8.2.3.2　借助循环经济理念，提升城市承载力

深入推广循环经济理念，加速城市承载能力的提升是缓解东北地区老工业基地城市收缩的必要途径。循环经济与城市的自然资源问题密切相关，而东北地区作为重要的老工业基地，自然资源与生态环境问题日益严峻，因此，必须转变经济发展的基本观念，坚持可持续发展的建设道路。循环经济的发展事关生态、环境、资源，它是这三者的统一体。转变经济发展观念，提升城市承载力就必须要从这三方面制定有效的发展政策。坚持实行维护生态平衡的生态经济政策，降低城市环境压力的环境经济政策以及实现废物利用和无垃圾的资源经济政策，这是深入推广循环经济理念，提升城市承载力的基本要求。这一过程中必须制定以及执行相关的政策，其中：资源政策包括资源的基础开发，高效利用以及科技化的延长产业链；环境政策包括环境的合理利用，有效整治以及规范的排污控制；生态政策包括生态承载力、生态修复和生态平衡等政策。政策的最终目标是实现城市化区域的资源生态环境有效利用的一体化，推动整个城市区域内部各个系统的循环运转，实现城市经济的可持续发展。

8.2.3.3　严格把控城市经济适度点，提升城市管理效率

伴随城市收缩现象的出现，城市人口密度以及城市规模均发生不同程度的变化，因此，准确测量城市规模经济的合理效益点，实施科学有效的城市发展对策是应对城市收缩现状的出发点。综观我国大部分城市发展现

状，绝大多数城市并没有达到发展的最佳规模点，这也就造成目前诸多城市的集聚水平低下、集聚效益不高的现实状态。基于这一现状，东北地区未来城市发展中必须严格准确测量收缩城市的规模效益适度点，依据城市本身的规模经济现状判断城市规模大小。与此同时，要重视各个城市之间的互动交流，形成合理的产业链和产业转移关系，降低产业阶梯的梯度，发现和支持产业互补关系，逐渐实现产业经济一体化。另外，在关注城市规模适度的同时要不断提升城市的效率，严格测度城市人口密度，基于实际客观的人口密度情况制定科学合理的对策，着眼于整个城市区域的系统性发展与建设，不能盲目关注城市空间规模，无休止地进行扩充，造成资源环境的浪费。只有提升整个东北地区城市化区域内的空间效益，才能构建一个优质的城市化区域系统。

8.2.3.4 全方位建设微城市，实现城市间的协同发展

建设微城市，可以有效协调区域之间的发展，实现东北地区城市功能的良性分配，激发城市之间的协同联动效应，预防城市非正常收缩。这就需要在未来的发展中增强卫星城市与周边地区的关联性。建设微城市要求选择一个经济基础、配套设施等功能相对完备的卫星城市，在卫星城市周围选取合适的小城市、乡镇等，作为卫星城市部分功能承载地。根据卫星城市的发展现状，将影响城市发展进程，但周围城市、乡镇发展又十分短缺的部分功能分配下去，实现卫星城市与周围城市的关联效应。同时，实现卫星城市与周边地区的资源互通。卫星城市通过产业转移、资源注入、技术革新等方式，全面整合、合理规划使用有利资源，带动周边小城市或乡镇的发展，同时疏解部分卫星城市的赘余功能，缓解"城市病"，切实实现城市内部的平衡发展目标。小城市、乡镇无法开发和使用的部分资源，经过提炼注入卫星城市，保持卫星城市长久的发展动力。另外，还需要进一步扩大城市的影响力，推动新的卫星城市建设。对于乡镇的发展，可以采取类似的方式进行，推进城乡一体化进程，以城市发达的科技资源和经济基础支撑乡镇的发展，全方位为农业人口转移提供充分的就业岗位，乡镇与城市资源形成互通，打破城乡二元结构体制，最终实现统筹发展的局面。借助"微城市"的发展理念，不仅有助于实现东北地区城市内部一体化的目标，同时能形成以大城市为依托，中小城市为重点的协调发展空间格局和城市化系统，从而避免因发展不协调所产生的收缩现象。

8.2.4 强化产城协调，实现虚实联动的均衡城市化格局

东北地区大部分城市的产业属于资源型产业以及制造业产业，粗放式

的发展阶段出现了城市化严重滞后于工业化所导致的产城掣肘等一系列弊端，已经不再符合我国经济发展进入新常态下的发展要求，工业化的快速发展需要更加完善的城市功能予以支撑，才能实现产业在发展进程中所需要的各种资源的集聚。实现产业与城市的高度融合才是以人为本的新型城镇化的必然要求。因此，必须改善以工业化为主导的城市化发展理念，推动产业化作为城市化的新动力，进而实现人的全面发展。同时，城市收缩背景下，那些发展缓慢甚至衰败的城市，可以通过一系列的生态修复、拓展产业链条、优化城市环境、提升城市功能等途径，给收缩城市带来新的发展生机和活力，城市的发展有了产业支撑，自然就能够有效的规避城市收缩带来的不利影响。

8.2.4.1　贯彻产城融合理念，深化以人为本

以人为本是新型城镇化的核心所在，是新型城镇化中"新"的重要体现。实现新型城镇化的建设，就必须选择科学的路径，改进传统城市化的惯有步伐，不再依赖土地、人力非农化的转变，不再通过大肆扩充城市规模来实现城市化，而是将产业作为城市发展的新导向，加强城市中产业与城市的和谐规划，加强土地的集约化利用，降低城市二元结构的基本矛盾，从当前城市化发展模式的基本问题出发，深入了解新型城镇化的本质要求，推动产城融合的先进理念与城市化建设的基本路径相结合，从而实现城市整体可持续发展。同时，坚持推进以人为核心的新型城镇化发展道路，还要在规划上注重"公园绿色化城市、新兴产业集聚、绿色休闲区"等现代城市规划理念，核心在于提升民众的幸福感。此外，借鉴河北省固安县产业新城的发展经验，规划新城并建立涵盖创新型产业、先导产业以及东北地区特色产业的多产业格局。形成借城市化水平的优质提升来带动产业发展，借产业发展的契机来兴盛城市的良好局面。

8.2.4.2　促进产业转移，加强新老城区的互通往来

东北地区虽然作为我国重要的老工业基地，但是不同区域之间城市化发展的基本模式各异。各城市依托的基础产业存在明显的差别，难以形成互补和谐的产业格局。因此，必须加强区域内产业转移，充分顺应市场经济发展的基本规律，制定切实有效的产业转移机制，鼓励东北地区各个城市产业链的深化发展，推动专业化与多样化共同发展，不断优化生产力的整体布局，形成区域之间和谐联动发展。同时，在欠发达的区域不断加强交通、信息等相关基础设施的完善化，为产业的承接提供有利的环境。另外，还要培养新型农民，多产业的发展模式会带动新城区的发展，此外也

使老城区的城市功能和服务有很大的改善。强化产城协调，实现人的城市化是极为重要的环节，在让农民进城的同时，也要解决农民就业问题。因此，产业发展的过程中，要根据产业发展需要开展相应的成人教育，对进城农民进行专业性的培训指导，培养新型现代化农民，进而解决本地劳动力的就业问题，以此来实现进城农民与产业新城的齐力发展，成果共享。

8.2.4.3　积极推动城市"双修"，提高城市韧性

"双修"工作即生态修补、城市修复。扩张型城市化带来了一系列的社会、经济、资源等现实问题，产生大量的负面效应，亟待化解，这也是"双修"工作开展的意义所在。首先，需要加大生态修补力度。生态修补是当前绝大多数城市需要开展的工作，这包括两方面的内容：一是对于已经被污染的环境，需要结合先进的设备和合理的保护手段，最大限度地激发环境的自我净化能力；二是建立环境监测机制与灾害防范措施，提高城市应对外部冲击的韧性。对于资源过度消耗引发的环境问题：一方面，需要寻找替代资源减小其消耗速度，确保资源的自我生产能力；另一方面，需要设定城市绿地与生态资源监测保护机制，实现资源上的"生产—消耗—再生产"循环使用。其次，要强化城市修复水平。城市修复存在于我国城市化的各个阶段，这同样包括两方面的内容：对于城市功能冗杂引发公共资源的浪费问题，需要加大力度进行空间划分与发展定位，从而实现整个城市基础设施布局的合理化；对于经济发展本身的问题，需要根据各地区的实际情况与功能定位，合理进行产业建设，推动人口、社会与经济的协调发展，从而提高城市的整体韧性和产城融合水平。通过"双修"工作的开展，可以有效强化城市自身的韧性，提高应对外部影响的能力，避免城市收缩现象的发生。

8.2.4.4　以点带面推进，加速第四代产业园区的建设

第四代产业园区的发展理念契合了当前东北地区收缩及未收缩城市的发展的方向，针对东北地区，具体从以下几个层面来看：在土地规划及建设问题上，致力于"以有限的城市空间，创造最优化的效益"，合理科学规划产业聚集区、生活娱乐区、绿色休闲区；在产业定位方面，多向高附加值的产业倾斜资金，建设以自主研发、本地品牌、总部-分部模式的产业；在产业园区的管理方面，政府在招商引资的基础上，要为落地的企业提供完善的附加服务，例如，企业融资平台、产业链整合、市场拓展、战略规划、产业政策支持、发展专项资金等；社会管理层面，注重社会美誉度的建设，政府以及企业都要建立内部及外部的监管机制，避免出现有损

城市发展的不良事件；注重打造及推动本地优秀企业、品牌，定期开展企业价值、品牌美誉选评活动，对优秀的企业及品牌积极推广。通过以上各个层面的有序进行，来打造创新型、适居型、兴业型的产业新城，并最终推广到东北地区的各个城市去。此外，从长远的角度协调产城发展，形成虚实联动的均衡城市化格局。总体来看，以产城协调发展方向为契机，做好产城协调、产城融合发展的顶层规划，在城市化建设和产业发展彼此协调的格局内来设计产业发展的优先序、布局与方向，具体表现为：产业在不同的发展阶段会对城市功能有不同的需求，在发展过程中要充分结合产业发展的实际情况，逐步提升城市配套设施的便利化、高质化和人性化水平，大胆引进有助于促进产业持续、健康发展的相匹配的保障项目和创新载体项目，通过以上措施来调整城市的区位功能，实现城市化建设与产业发展的有效互动。

8.2.5 制定人口流失策略，抵制新东北现象再现

东北地区曾经是新中国工业的摇篮和我国重要的第一、第二产业发展基地，是我国重要的经济"增长极"，在国家发展全局中具有极其重要的战略地位。东北地区也曾是我国产业工人、科研技术人员最集中的区域之一，而今却饱受人口流失之殇。人口是一个地区极其重要的社会资源，人口的数量也是一个地区发展的基础保障。有关资料显示，从 2000～2010 年，东北地区人口净流出 180 万人。最新数据统计，2017 年，辽宁省人口减少 4.6 万人，黑龙江省人口减少 12.18 万人，吉林省人口减少 20.29 万人，三省合计减少 37.07 万人。近些年有大量的人口从东北迁出，前往全国其他省份。相比于人口总量减少，人才结构性流失问题更值得引起注意，东北高校毕业生和高层技术、管理人才是产业结构改革、优化的重要软实力支撑，这些人才到外地就业创业的问题将大大减缓东北地区经济发展的速度，经济上的乏力导致人才没有好的发展平台，又会进一步导致人口流失。

习近平总书记 2016 年在黑龙江考察时指出，"东北发展，无论析困境之因，还是求振兴之道，都要从思想、思路层面破题"。基于此，必须采取针对性的措施，为东北吸引人才献计献策，使东北地区能够吸引人才、留住人才、发挥人才的价值，进而为应对城市人口收缩的现实提供思路。

8.2.5.1 吸引聚集人才，走人才兴城发展道路

若要抵制东北地区城市人口的不正常收缩，就需要吸引人才集聚，走

人才兴城的发展道路。首先，建设人才创新创业基地，增加就业机会。高度注重人才基地建设，依托科研机构、产业园区、高新技术企业，建设人才创新创业基地以及高校毕业生实习基地，帮助企业吸引人才和留住人才，同时增加新兴产业和服务业的培训投入，用好人才。其次，重视孵化园区建设，促进科技成果转化。孵化园区是众多中小型企业成长的第一家园，对此，要优化扶持政策，对于有突出成果及贡献的孵化园区进行资金及政策上的扶持；创新孵化园区发展模式，精准孵化一批高技术、可持续、高收益的项目，并进行产业化生产。最后，打造人才创新生态园区，留住人才。坚持以人为本的发展理念，切实解决人才真正需要解决的问题，如建立住房保障机制，优先安排人才入住，给予一定的补贴资金，完善人才激励机制，对于在科研技术上有突出贡献的人给予丰厚的奖励。

8.2.5.2　完善人才保障机制，优化人才培养环境

抵制人才流失的策略还需要政府环节的配合与推进，因此，建设相应的人才保障机制，提供优良的人才成长环境成为政府人才政策制定的重要方向。政府在制定相关政策时必须具有预见性，同时要切实把握事态发展的基本动向，制定有效的、具备操作性的政策，积极参与到人才培养的实践中去，促进人才政策与产业政策的匹配性。其次，政府需要提供稳定且和谐的制度环境，不断完善人才感知，增加人才预期，解决人才信任问题。顺应市场经济发展的基本要求，不断促进人才评价机制的创新发展，加速与市场经济活动的联动发展，形成与市场相适应的人才环境，最大限度地发挥人才价值。另外，要积极建立各种专业性的人才培养机构，如人才培训机构、咨询机构等，既能够借此平台集聚众多专业性的人才队伍，也为人才服务提供了重要的基础性保障，能够有效整合零散的人力资源服务，建立更加集约化的服务模式，优化整个市场的人才培养环境，实现人才价值的高效发挥。

8.2.5.3　合理进行人才布局，形成长效机制

东北地区在进行城市转型发展规划时，必须将人才吸引战略作为规划中的重中之重。必须意识到应对城市收缩，实现城市转型的必要步骤就是通过科学技术促进产业转型升级。而掌握科学技术的关键就在于人才队伍的建设。为此，就必须重视人才的合理布局，建设长效灵活的人才吸引机制，将重要的优良资源科学利用起来，以期为城市发展提供重要的人才支撑。要不断加强各类型高校的建设，强化软硬件设施的配备水平，借助大量的高层次的科研人士进行转型过程中相关环节的开发推广；同时，对于

基层技术人员也要有足够的重视，这是人才开发战略的必要组成环节。另外，为能够切实应对城市转型发展的需要，还要基于城市转型发展的要求对人才进行合理布局，吸引各领域专业人才，形成高效的科技人才及新兴技术人才的培育系统，摒弃长期以来形成的不重视人才队伍建设的落后思想，制定出吸引人才的激励机制，提供必要的研发基地以及创新平台，形成引人才、用人才、留人才的长效机制，打造系统的循环链。

8.3 本章小结

城市收缩现象在近几年日益受到国内城市研究领域和公共政策界的广泛关注，出现产能过剩、资源枯竭、环境恶化、人口老龄化、制造业发展缓慢等一系列问题，打破了传统观念下"城市必须增长"的城市化顶层设计以及"扩张模式"下的城市发展范式。针对东北地区城市收缩现象和实证分析结果，东北地区城市收缩应强化规划体系建设，转变规划理念，基于此种认识，本章重点归纳概括出弹性规划、适应性规划、韧性规划的三大规划理念，成为应对城市收缩的规划路径，也为未来城市发展提供了较为完善的规划体系。基于该种规划路径，城市精明收缩、多层级城市体系构建、城市化区域建设、产城协调发展等成为东北地区城市体系协同的基本策略，为以后东北地区城市可持续发展指明了主体方向。无论如何，东北地区收缩城市未来的城市规划，都要围绕提高城市活力、提升城市宜居度、让人民满意的方向不断去努力。

第9章　研究结论及展望

9.1　研究结论

伴随着生产力发展及社会分工精细化，城市诞生并逐渐成为人类生活和生产的中心，在新时代背景下，城市将成为区域经济发展的核心，也是人类活动的主体空间。尤其是第二次工业革命后，作为城市发展中必不可少的环节，人口城市化成为过去近两百年来人类社会发展的主题，至今一国或地区的城市化水平也是衡量其经济社会发展水平的重要标志。但值得注意的是，随着全球经济出现整体放缓和局部经济危机，一些地区的长期增长已经出现延滞、不可持续和不具有普遍性现象，以英国、美国、德国为代表的发达国家逐渐出现"城市收缩"，城市的局部收缩成为越来越常见的现象。随着国际国内社会经济环境的变化，局部收缩也开始在我国部分城市显现，城市收缩是未来中国新型城镇化面临的挑战之一，也是城市经济、城市规划和经济地理学者亟须关注和研究的新命题。东北地区作为我国重要的老工业基地之一，由于受到少子化、边缘性、制度变迁、资源枯竭等问题影响，出现了典型的城市收缩现象，然而国内学者对此问题并没有进行过全方位研究，这为本研究的顺利开展提供了新的研究角度。在已有研究基础之上，本研究试图从更加精准的视角对东北地区城市收缩的空间结构、内部特征及作用机理、经济发展效应展开探索性分析，明确东北地区城市的宏观空间结构体系和所辖区（县）的微观空间结构体系，以期为未来东北地区城市的发展规划编制及空间布局提供系列的实证参考依据。本研究最终得到如下结论：

（1）通过对城市收缩、"鬼城"、精明增长、精明收缩等相关概念的全面界定，全方位明确了城市收缩的本质内涵。同时，通过对城市收缩的过程机制、动因和表现类型的分类归纳总结，对比分析了中外城市收缩的特征及空间模式等，以期建立一个较为完整清晰的理论框架，用以探索城市收缩在中国特殊国情背景下的表现形式及形成机制，为下文的顺利开展提供了必要的理论支持。

（2）通过对 2000 ~ 2010 年间东北地区城市人口增长率的测算，发现 41 座地级及以上城市中有 13 座出现收缩现象，约占城市总量的 31.71%；28 座处于非收缩状态，约占 68.29%。人口增长速度呈现出由哈大经济带一线向两侧递减的趋势。人口增长率为负的地区，即出现收缩的市域主要集中于东北地区的边缘地带；处于东北腹地以及哈大经济带沿线地区的市域尚未出现收缩现象；65 个市辖区出现收缩，约占市辖区总数量的 62.50%；124 个市辖县出现收缩，约占总数的 51.10%；收缩的市辖区、县呈连绵化分布于东北地区的边缘地区；在东北地区腹地，收缩的市辖区、县呈块状、斑点状分布，围绕着哈大经济带的主要城市，即大连、沈阳、长春、哈尔滨的市辖区周边分布有收缩的市辖县，表明城市中心区域对于周边人口有吸引作用，存在虹吸效应。通过东北地区不同城市内部收缩情况的界定，将收缩城市分为全域型收缩、中心型收缩、边缘型收缩 3 种类型，其中全域型收缩城市有 4 座，占收缩城市总量的 30.77%，且均为资源枯竭型城市；中心型收缩城市有 5 座，占收缩城市总量的 38.46%，形成市辖区人口收缩与部分市辖县人口非收缩并存的局面，出现了城市中心区域衰落而郊区崛起的现象；边缘型收缩城市有 4 座，表现为市辖县收缩而市辖区非收缩。在此基础上全面分析了不同类型收缩城市的人口年龄结构特征、人口社会结构特征、人口性别结构特征、流动人口结构特征，结果显示：总体来看，东北地区收缩城市的人口年龄结构趋于"倒三角形"特征，即老龄人口不断增加，而青少年人口不断减少；高学历人口占总人口比不断增加，但第二产业人口流失严重；10 年间，大部分收缩城市男性流失速度加快，性别比不断减小；人口流失情况严重，大部分收缩城市在 2000 年就出现了流动人口为负的情况。

（3）通过对东北地区城市收缩程度作用机理的实证分析可以得知，社会抚养负担、劳动力素质、劳动力数量、城市环境、城市经济增长水平、对外开放程度等社会经济因素对其有负向的阻碍作用，其作用系数分别为 -3.776、-0.627、-15.43、-0.000492、-0.0513、-0.0017，意味着东北地区收缩城市的社会抚养负担、劳动力数量、城市环境、城市经济增长水平、对外开放程度每上升 1 个百分点，其收缩程度就会分别加重

3.776 个、0.627 个、15.43 个、0.000492 个、0.0513 个、0.0017 个百分点；城市化水平、人力资本、产业结构高级化程度、劳动力价格、社会投资水平、政府财政负担等社会经济因素对其有正向的促进作用，作用系数分别为 0.199、0.0486、0.068、0.19、0.0229、0.0298，意味着东北地区收缩城市的潜在劳动力数量、人力资本、产业结构高级化程度、劳动力价格、社会投资水平、政府财政负担每上升 1 个百分点，其收缩程度就会分别减轻 0.199 个、0.0486 个、0.068 个、0.19 个、0.0229 个、0.0298 个百分点。

（4）通过对东北地区城市内部收缩程度作用机理的实证分析可以得知，社会抚养负担、劳动力数量、劳动力价格、社会投资水平对其有负向影响，其作用系数分别为 −370.2、−1.274、−1.775、−1.464，意味着社会抚养负担、劳动力数量、劳动力价格、社会投资水平的增加会导致城市内部收缩程度加深，每增加 1 个百分点，会使全域型收缩发生的概率分别增加 370.2 个、1.274 个、1.775 个、1.464 个百分点；城市化水平、人力资本、城市环境、城市经济增长水平、对外开放程度、政府财政负担对其有正向影响，其作用系数分别为 59.54、3.842、0.112、2.859、0.335、7.987，意味着城市化水平、人力资本、城市环境、城市经济增长水平、对外开放程度、政府财政负担的增加会减轻城市内部收缩程度，其每增加 1 个百分点，会分别使全域型收缩发生的概率降低 59.54 个、3.842 个、0.112 个、2.859 个、0.335 个、7.987 个百分点。其中，受教育程度、产业高级化程度对城市收缩程度有显著的正向影响，对城市内部收缩程度则无显著影响；城市环境、劳动力价格、城市经济增长水平、对外开放程度对城市收缩程度与城市内部收缩程度均产生了相反方向的影响。这种现象体现出城市发展的不平衡性，这种不平衡不仅体现在城市与城市之间，城市内部不同的区域之间也表现非常显著，即城市中心与城市周边区域经济社会发展有较大差距，表现出典型的"中心－外围"特点。这也向我们展示出，在未来的城市收缩研究过程中，城市内部收缩模式及作用机理也需要引起适度关注。

（5）通过对东北地区城市收缩的经济发展效应展开实证分析可以发现：首先，在未控制人口变化的情况下，2000～2010 年间东北地区地级及以上城市的产业结构水平、城市就业水平、城市教育水平等经济社会因素对城市经济发展水平具有正向的促进作用，其作用系数分别为 0.00327、0.0108、0.000205，意味着东北地区地级及以上城市的产业结构水平、城市就业水平、城市教育水平每上升 1 个百分点，其城市经济发展水平就会分别上升 0.00327 个、0.0108 个、0.000205 个百分点；城市基本公共服务水平、政府财政负担、城市劳动力价格、城市外向度对城市经济发展水平具有负向的阻碍作用，其作用系数分别为 −0.0723、−0.00389、−0.00532、−0.000528，意味着东北地区地级及以上城市的基本公共服务水平、政府财政负担、城市吸引力、城市外向度每上升 1 个百分点，其城市经济发展水平就会分别下降 0.0723 个、0.00389 个、0.00532 个、0.000528 个百分点。其次，总人口收缩、流动人口收缩、城镇人口收缩对于经济发展水平均有显著的负面效应，作用系数分别为 −0.00833、−0.00594、−0.00763，其负向作用通过不同的机制得以体现，但总体而言，反映的均是东北地区不同维度的人口收缩对于城市经济发展水平的消极影响，证明对于东北地区而言"城市收缩"并非中性词。城市收缩现象是新常态下以东北地区为代表的老工业基地经济社会发展现状的真实写照，随着经济发展路径转变以及增长主义的城市扩张时代走向终结，城市过度扩张的弊端日益显现，适度收缩城市规模成为必要选择。同时，城市收缩现象对于城市的社会经济发展也有着深刻的影响，对于未来的城市发展和规划而言，如何在城市收缩的现状下实现"精明增长"或者"精明收缩"是必须要更加重视的问题。

（6）通过选取伊春市这一东北地区城市收缩最为明显的城市进行全方位探究可以发现，从城市收缩的特征来看，伊春市人口、经济、土地都出现不同状态的收缩，城市人口大幅流失，自然增长率呈负增长趋势，经济发展动力不足，城市规划脱离实际，盲目扩充城市规模。从收缩的成因来看，伊春的城市收缩原因主要概括为人口结构畸形、资源型城市衰竭、政策导向偏离、市场体系欠缺和"逆城市化"。根据这些原因，提出应对伊春的城市收缩的规划建议，重点包括规范城市建设，找准城市定位；发展绿色经济，实现生态化建设；紧凑城市空间布局，弹性规划城市用地；重视林下经济，开发冰雪产业；增强地区文化价值，重视伊春民俗特色。以此来深度缓解伊春的城市收缩现象，进而实现由不正常收缩向精明收缩的转变。

（7）通过选取国内典型的城市收缩区域——长江经济带，将其与东北地区进行对比分析，可以发现：

第一，通过对长江经济带城市收缩的总体性分析可以得出，110 座地级及以上城市中有 52 座出现收缩现象，约占城市总量的 47.27%；58 座处于非收缩状态，约占 52.73%。且收缩城市大部分分布于长江经济带北部地区，其中北部边缘地区表现最为突出；收缩城市与非收缩城市逐渐呈现连绵化的发展趋势，其中大城市绝大多数属于非收缩城市类型，彰显出大城市的人口集聚效应优势，而中小城市的收缩表现更为显著。

第二，通过对长江经济带城市收缩的异质性分析可以得出：一是有 30座城市出现流动人口收缩现象，约占城市总量 28.18%，流动人口的收缩呈现双中心并存的空间格局，即长江经济带下游地区以合肥为中心的圈层区域和长江经济带中游地区以长沙为中心的圈层区域；52 座收缩城市中表现为流动人口收缩的共 9 座，占收缩城市总量的 17.31%，主要集中于长江中上游地区。二是收缩城市与非收缩城市的大学及以上学历人口数量均保持着绝对增加的趋势，总人口中大学及以上学历人口占比不断增长，收缩城市中有 13 座城市表现为高学历人口的收缩，占收缩城市总量的25%，主要集中于长江经济带上游的四川省和贵州省。三是收缩城市与非收缩城市均已进入老龄化阶段，劳动年龄人口增长率和抚养比增长率均呈现"点－块状分散布局"的空间形态；且城市人口抚养比呈现下降趋势，非收缩城市下降速度远高于收缩城市；收缩城市中尚未有城市出现老龄人口收缩的现象。四是男、女性增长率出现负增长的城市分别有 64 座和 58座，约占城市总量的 58.18% 和 52.73%；52 座收缩城市全部出现男性人口收缩，48 座城市出现女性人口收缩。五是收缩城市和非收缩城市的三次产业就业人口占比在 10 年间的变化趋势基本保持一致，其中第一产业占比下降，第二、第三产业占比上升；收缩城市的第一产业就业人口占比远高于非收缩城市，而第二、第三产业就业人口占比远低于非收缩城市；52 座收缩城市均没有出现第二产业就业人口收缩的现象，而且收缩城市的第二产业就业人口仍处于增长状态，其增长率高于第三产业。六是不同的收缩城市呈现出不同的收缩特征，7.69% 的城市处于单维度的收缩、50% 的城市处于双维度的收缩、42.31% 的城市处于多维度的收缩。非收缩城市中 63.79% 的城市存在着单维度或双维度收缩的现象。

第三，通过对长江经济带收缩城市的原因分析可知，长江经济带所辖城市由于受到政治、经济、社会以及生态多重因素影响而产生收缩，其中政策因素引导下的中心城市集聚现象以及经济因素引导下的产业就业吸纳能力不足问题是导致该地区城市收缩区别于其他地区城市收缩的个性因素，也是造成城市收缩空间格局的根源所在。除此之外，社会因素导向下的人口老龄化现象、环境因素下居民生活质量追求以及规划因素导向下的城市共享发展受限是引致城市收缩的重要因素。

第四，对比长江经济带与东北地区的城市收缩，可以看出：从收缩城市数量占总城市比重来看，长江经济带城市收缩程度远比东北地区严重。从收缩的空间特征或异质性角度来看，长江经济带与东北地区的城市收缩均表现为流动人口数量减少、老龄化程度加重以及男性人口的流失。但长江经济带收缩城市的"去工业化"表现相对于东北地区并不明显，第二产业就业人口减少是东北地区城市收缩现象出现的重要驱动力之一，其中表现最为明显的是资源枯竭型城市。再者，与长江经济带出现的高学历人口收缩不同，东北地区收缩城市的大学本科及以上学历人口占总人口比重在2000～2010年间是不断增长的，并未出现收缩局面。最后，对比分析了两大地区城市收缩的形成原因。

（8）通过选取国内典型的城市收缩区域——成渝城市群，将其与东北地区进行对比分析，可以发现：

第一，通过对成渝城市群城市收缩的空间格局分析可以得知，成渝城市群16座地级及以上城市中有13座城市出现收缩现象，约占城市总量的81.25%，主要集中于成渝城市群中部地区；3座城市处于非收缩状态，约占城市总量的18.75%，重点分布于城市群两侧边缘，且成渝城市群人口增长率呈现由中心向四周递增的趋势。有14个市辖区出现收缩现象，约占市辖区总数量的29.79%；64个市辖县出现收缩现象，约占市辖县总量的65.98%，处于收缩状态的区县主要集中于渝东北、渝东南以及四川中部地区，呈现连片、块状分布的特点；处于非收缩状态的区县则集中分布于渝西南、成渝城市群西部边缘地区，呈现斑点状、线状分布的特征。同时，人口增长率呈现出明显的漏点状非均衡布局，且有明显的二重流动特点。

第二，通过对成渝城市群收缩城市的特征分析可以得知，其收缩城市总体可以划分为全域型收缩、边缘型收缩和对称型收缩三种主要类型，其中全域型收缩主要包含5座城市，占收缩城市总量的38.46%，均位于成渝城市群中部地区，且呈现连绵化发展趋势。边缘型收缩主要包括4座城市，占收缩城市总量的30.77%，形成市辖区人口非收缩与市辖县人口收缩并存的局面，且人口增长率由市辖区向周边呈递减趋势。对称型收缩主要包括4座城市，占收缩城市总量的30.77%，主要分布于成渝城市群的边缘地区，非收缩的市辖区（县）被收缩的城镇所包围。通过对成渝城市群城市收缩的人口年龄结构特征和人口社会结构特征分析可以得知，总体来看,少年儿童和劳动年龄人口减少的同时老龄人口不断增加,社会抚养负担持续加大;人口受教育程度呈现出持续上升的趋势,本科及以上学历人口占比均出现大幅度增加;第一产业就业人口占比出现大幅下滑,第二、第三产业就业人口占比则大幅上升,而且第二产业就业人口占比上升幅度最大,说明对于成渝城市群而言,收缩城市并没有出现"去工业化"现象,人口仍然不断向第二产业集聚,工业化进程仍在加强。

第三,通过对成渝城市群收缩城市的原因分析可以得知,由受到中心城市虹吸效应、产业结构升级下的就业岗位不足、人口老龄化趋势与自然因素及政府适当干预四种因素影响,成渝城市群出现不同程度的城市收缩。其中,中心城市的虹吸效应是导致城市收缩的首要原因,也是造成城市群现有城市收缩空间格局特征的关键影响因素。除此之外,产业结构升级产生的就业岗位不足问题、城市人口老龄化问题加速、自然地理特征以及政府适当干预政策也成为导致成渝城市群城市收缩的重要原因。

第四,对比成渝城市群与东北地区的城市收缩,可以看出:从收缩异质性的角度来看,成渝城市群收缩城市面临严重的人口老龄化问题,而东北地区收缩城市老龄化程度相对较轻;成渝城市群第二产业就业人口占比上升幅度最大,其收缩城市并没有出现"去工业化"现象,人口仍然不断向第二产业集聚,工业化进程仍在加强;而东北地区体现出了由于产业结构单一性和资源枯竭引致的资源型城市收缩的典型特征。同时,从共性与个性的角度比较分析了两大地区城市收缩的内在原因。

(9)城市收缩现象在近几年日益受到国内城市研究领域和公共政策界的广泛关注,产能过剩、资源枯竭、环境恶化、人口老龄化、制造业发展缓慢等一系列问题,打破了传统观念下"城市必须增长"的城市化顶层设计以及"扩张模式"下的城市发展范式。本研究基于前文的实证分析结果,在考虑到东北地区发展实际的基础之上,针对东北地区城市收缩提出应对规划,重点包括:

第一,进行弹性规划,将精准规划与动态修偏相结合。首先,需要合理制定弹性的规划目标,合理配置现有的城市资源,杜绝盲目扩张现象,强化对城市备用地的利用效率,精简城市规模,增强单位城市空间的利用效率与创造效益的能力。其次,有效制定弹性的规划布局,根据城市自身的区位条件与实际状况因地制宜,充分考虑各个城市不同片区的传统优势与不足,在此基础上进行弹性规划,尽力规避一刀切或一成不变的现象出现。再次,合理确定弹性的规划分级,就东北地区而言,需要针对自身城市的发展阶段与产业分布、居民分布及其变化规律与基础设施的分布以及产业—居民—基础设施的配合程度及其敏感性，以此作为标准进行规划分级。

第二，实现适应性规划，即基于城市收缩的实际面的城市规划。首先，针对由人才流失导致的东北地区经济下行压力，持续加大创新能力不足的问题，实施人才优惠政策，引入高技术创新型人才，建立产业良性循环发展机制。其次，转变经济发展的固有观念，通过建立高新技术产业园、民营企业的发展以及较合理的激励体系吸引更多人才入驻，盘活国有企业的发展水平，充分发挥国有企业在东北地区的隐形优势和潜在力量。再次，因地制宜进行产业选择，在未来的发展中要持续加大力度、率先布局具有一定优势的战略性新兴产业，优先布局，把握产业发展的良机，抵制由城市收缩所产生的不良后果。

第三，进行韧性规划，建设韧性城市。首先，培育韧性城市空间规划理念，转变传统城市规划思路，编制韧性城市规划实施体系。其次，发挥典型城市示范引领作用，积极参与国际合作计划，提升建设效率，典型城市的辐射与带动作用是推进韧性城市规划和建设的重要环节。再次，加强部门协同管理，建立灵活决策机制。最后，多层面多角度增强城市抵御风险能力。

针对东北地区城市收缩的现实和实证分析结果，提出东北地区城市体系协同发展策略，主要包括：

一是实行精明收缩，关注城市品质而非规模。重点包括完善相关法律法规，合理规划城市布局；强化资源的利用效率，提升经济和环境双重效益；加强绿色空间存储，增强区域支撑水平；重塑城市空间结构体系，提高区域支撑能力。

二是合理调整区域边界，建立多层级的城市体系。重点包括合并经济、行政相矛盾的行政区，实现经济与政治互通；实施跨区合作的建设方案，建立多层级的城市体系；改善城市总体布局，优化城市产业职能。

三是注重城市化区域建设，提升城市综合承载力。重点包括了解城市规模结构，发展"市经济"；借助循环经济理念，提升城市承载力；严格把控城市经济适度点，提升城市管理效率；全方位建设微城市，实现城市间的协同发展。

四是强化产城协调，实现虚实联动的均衡城市化格局。重点包括贯彻产城融合理念，深化以人为本；促进产业转移，加强新老城区的互通往来；积极推动城市"双修"，提高城市韧性；以点带面推进，加速第四代产业园区的建设。

五是制定人口流失策略，抵制新东北现象再现。重点包括吸引聚集人才，走人才兴城发展道路；完善人才保障机制，优化人才培养环境；合理进行人才布局，形成长效机制。

9.2　研究展望

本研究在运用理论分析和实证分析、比较分析和综合分析及典型案例剖析与实地调研相结合的研究方法基础之上，运用 2001～2011 年《中国城市统计年鉴》、各省（区市）的统计年鉴、2000 年及 2010 年人口普查数据公报、中国城市数据库以及中国城乡建设数据库，对广义上的东北地区（黑龙江、吉林、辽宁三省全部范围以及内蒙古自治区的赤峰市、通辽市、呼伦贝尔市、兴安盟、锡林郭勒盟）城市收缩空间格局、作用机理、经济发展效应进行了全方位研究，并得到相应结论，以期为未来城市收缩的进一步开展研究提供参考。随着中国经济进入"新常态"及国际形势的深刻变化，城市发展如何适应新形势成为亟待研究的新问题，如何在中国特殊国情的背景下识别中国本土的"城市收缩"现象，探索其形成机制及发展效应需要在未来进一步研究，具体问题如下所示：

（1）"城市收缩"识别标准问题。城市收缩的识别是研究这一现象的前提条件，在本研究中采用的是 2000～2010 年间市域总人口是否为负增长来进行识别。但值得注意的是，从现有文献来看，更为微观的村—乡—镇尺度上的人口流失显著，小城镇人口流失问题日益凸显，仅从行政区划意义上的"市"人口来判断收缩的标准需要进一步细化和丰富。如何建立一个立体、多维度的"收缩"判断标准，兼顾"微观—中观—宏观"三个层面人口流动变化情况，赋予"城市收缩"概念中国乡土特色，对城市收缩研究有重要意义，这也将成为未来研究的重要方向。

（2）"城市收缩"对于经济社会发展的影响效应。本研究中探索分析了东北地区"城市收缩"的经济发展效应，试图从区域的角度来分析"城市收缩"对于经济社会的作用。中国幅员辽阔且区域间经济社会发展极不平衡，从板块划分来看有东部地区、西部地区、中部地区、东北地区四大板块；从城市群划分来看既有长三角城市群、珠三角城市群、京津冀城市群等国家级的城市群；也有山东半岛城市群、中原城市群、辽中南城市群、长江中游城市群、海峡西岸城市群、成渝城市群、关中城市群等地方性的城市群。板块之间、城市群之间、城市之间的经济社会发展情况皆有所不同，在未来的研究中，如何在"城市收缩"的视角下对中国城市与区域发展再次归类并分析其在不同区域的影响效应是值得探讨的问题。

（3）"城市收缩"类型划分。城市收缩是城市发展过程中的一种动态现象，在不同时期具有不同特点，国际上现有的"圈层式""穿孔式"等收缩模式与我国某些城市出现的情况类似，但从整体而言，针对我国城市收缩现象类型的划分还有所欠缺。在对"城市收缩"类型进行归纳总结的基础上，探索其应对之策，对未来城市发展具有重要意义。

总之，在中国进入城市化发展的中期阶段，北上广深等大城市不断吸引人口集聚的同时，局部地区的城市收缩问题日益显现，"城市收缩"所引发的一系列问题及其作用机理也应得到重视。本研究对东北地区城市收缩的研究分析，能够为未来城市化研究提供一个新的视角和新的思路，也能够为建立大中小城市和小城镇协调发展的城市体系格局和形成更加有效的区域协调发展新机制提供参考。

参 考 文 献

[1] 白永亮，郭珊．长江经济带经济实力的时空差异：沿线城市比较
[J]．改革，2015，28（1）：99－108．

[2] 蔡昉．未来的人口红利：中国经济增长源泉的开拓[J]．中国人
口科学，2009，23（1）：2－10，111．

[3] 蔡昉．中国劳动力市场发育与就业变化[J]．经济研究，2007，
53（7）：4－14，22．

[4] 陈川，罗震东，何鹤鸣．小城镇收缩的机制与对策研究进展及展
望[J]．现代城市研究，2016，31（2）：23－28．

[5] 陈有川，韩青，甄富春．紧凑的城市形态　开放的城市结构：以
潍坊城市总体布局调整为例[J]．城市发展研究，2007，53
（6）：119－123．

[6] 程茂吉．紧凑城市理论在南京城市总体规划修编中的运用[J]．
城市规划，2012，36（2）：43－50．

[7] 仇保兴．19世纪以来西方城市规划理论演变的六次转折[J]．规
划师，2003，19（11）：5－10．

[8] 邓嘉怡，李郇．统一后原东德城收缩现象及机制研究[J]．世界
地理研究，2018，27（4）：90－99．

[9] 邓金钱，何爱平．城乡收入差距、劳动力质量与经济结构转型：
来自中国省级数据的实证研究[J]．社会科学研究，2017，39
（6）：22－30．

[10] 杜志威，张虹鸥，叶玉瑶，等．2000年以来广东省城市人口收
缩的时空演变与影响因素[J]．热带地理，2019，40（1）：20－
28．

[11] 段成荣，吕利丹，邹湘江．当前我国流动人口面临的主要问题
和对策：基于2010年第六次全国人口普查数据的分析[J]．人

口研究，2013，37（2）：17 - 24.

［12］段成荣，袁艳，郭静．我国流动人口的最新状况［J］.西北人口，2013，34（6）：1 - 7，12.

［13］方创琳，祁巍锋．紧凑城市理念与测度研究进展及思考［J］.城市规划学刊，2007，51（4）：65 - 73.

［14］方创琳，周成虎，王振波．长江经济带城市群可持续发展战略问题与分级梯度发展重点［J］.地理科学进展，2015，34（11）：1398 - 1408.

［15］高健，吴佩林．城市人口规模对城市经济增长的影响［J］.城市问题，2016，35（6）：4 - 13.

［16］高舒琦，龙瀛．东北地区收缩城市的识别分析及规划应对［J］.规划师，2017，33（1）：26 - 32.

［17］高舒琦．收缩城市的现象、概念与研究溯源［J］.国际城市规划，2017，32（3）：50 - 58.

［18］高舒琦．收缩城市研究综述［J］.城市规划学刊，2015，59（3）：44 - 49.

［19］郭存芝，凌亢，白先春，胡振宇，梅小平．城市可持续发展能力及其影响因素的实证［J］.中国人口·资源与环境，2010，20（3）：143 - 148.

［20］郭源园，李莉．中国收缩城市及其发展的负外部性［J］.地理科学，2019，39（1）：52 - 60.

［21］何景熙，何懿．产业 - 就业结构变动与中国城市化发展趋势［J］.中国人口·资源与环境，2013，23（6）：103 - 110.

［22］华景伟．伊春市国有林业资源型城市经济转型的探讨［J］.林业经济，2007，29（4）：27 - 30.

［23］姜传军．林业资源型城市经济转型模式选择［J］.中国林业经济，2007，15（2）：26 - 29.

［24］姜鹏，周静，崔勋．基于中日韩实例研究的收缩城市应对思辨［J］.现代城市研究，2016，31（2）：2 - 7.

［25］姜玉，刘鸿雁，庄亚儿．东北地区流动人口特征研究［J］.人口学刊，2016，38（6）：37 - 45.

［26］靳庭良，郭建军．面板数据模型设定存在的问题及对策分析［J］.数量经济技术经济研究，2004，21（10）：131 - 135.

[27] 李英，齐丹坤．基于生态区位测度的伊春林区森林生态服务功能价值评估 [J]．林业科学，2013，49（8）：140－147.

[28] 李伯华，宋月萍，齐嘉楠，唐丹，覃民．中国流动人口生存发展状况报告：基于重点地区流动人口监测试点调查 [J]．人口研究，2010，34（1）：6－18.

[29] 李郇，杜志威，李先锋．珠江三角洲城镇收缩的空间分布与机制 [J]．现代城市研究，2015，30（9）：36－43.

[30] 李梅香．基本公共服务均等化水平评估：基于新生代农民工城市融合的视角 [J]．财政研究，2011，32（2）：58－60.

[31] 李明秋，郎学彬．城市化质量的内涵及其评价指标体系的构建 [J]．中国软科学，2010，25（12）：182－186.

[32] 李涛，周业安．中国地方政府间支出竞争研究：基于中国省级面板数据的经验证据 [J]．管理世界，2009，25（2）：12－22.

[33] 李翔，陈可石，郭新．增长主义价值观转变背景下的收缩城市复兴策略比较：以美国与德国为例 [J]．国际城市规划，2015，30（2）：81－86.

[34] 李煜伟，倪鹏飞，黄士力，沈海驯．教育与城市竞争力的关联性研究 [J]．教育研究，2012，33（4）：29－34.

[35] 李子奈，叶阿忠．高等计量经济学 [M]．北京：清华大学出版社，2000.

[36] 梁鹤年．精明增长 [J]．城市规划，2005，29（10）：65－69.

[37] 刘春阳，杨培峰．中外收缩城市动因机制及表现特征比较研究 [J]．现代城市研究，2017，32（3）：64－71.

[38] 刘贵文，谢芳芸，洪竞科，等．基于人口经济数据分析我国城市收缩现状 [J]．经济地理，2019，39（7）：50－57.

[39] 刘涛，齐元静，曹广忠．中国流动人口空间格局演变机制及城镇化效应：基于2000和2010年人口普查分县数据的分析 [J]．地理学报，2015，70（4）：567－581.

[40] 刘彦随，刘玉，翟荣新．中国农村空心化的地理学研究与整治实践 [J]．地理学报，2009，64（10）：1193－1202.

[41] 刘彦随，刘玉．中国农村空心化问题研究的进展与展望 [J]．地理研究，2010，29（1）：35－42.

[42] 刘云刚．新时期东北区资源型城市的发展与转型：伊春市的个

案研究［J］. 经济地理，2002，22（5）：594－597.

［43］刘志玲，李江风，龚健. 城市空间扩展与"精明增长"中国化［J］. 城市问题，2006，25（5）：17－20.

［44］龙花楼，李裕瑞，刘彦随. 中国空心化村庄演化特征及其动力机制［J］. 地理学报，2009，64（10）：1203－1213.

［45］龙瀛，李珣. 收缩城市：国际经验和中国现实［J］. 现代城市研究，2015，30（9）：1.

［46］龙瀛，吴康，王江浩. 中国收缩城市及其研究框架［J］. 现代城市研究，2015，30（9）：14－19.

［47］陆大道. 建设经济带是经济发展布局的最佳选择：长江经济带经济发展的巨大潜力［J］. 地理科学，2014，34（7）：769－772.

［48］吕红平，李英. 流动、融合与发展：少数民族地区人口流动研究［J］. 河北大学学报（哲学社会科学版），2009，34（6）：14－21.

［49］栾志理，栾志贤. 城市收缩时代的适应战略和空间重构：基于日本网络型紧凑城市规划［J］. 热带地理，2019，40（1）：37－49.

［50］马健. 辽宁省城市收缩的特征、趋势与影响因素识别［M］//中国城市规划学会，沈阳市人民政府. 规划60年：成就与挑战——2016中国城市规划年会论文集（10城乡治理与政策研究）. 北京：中国建筑工业出版社，2016：16.

［51］马佐澎，李诚固，张婧，周国磊，申庆喜. 发达国家城市收缩现象及其对中国的启示［J］. 人文地理，2016，31（2）：13－17.

［52］毛其智，龙瀛，吴康. 中国人口密度的时空演变与城镇化格局初探：2000—2010［J］. 城市规划，2015，39（2）：38－43.

［53］孟德友，李小建，陆玉麒，樊新生. 长江三角洲地区城市经济发展水平空间格局演变［J］. 经济地理，2014，34（2）：50－57.

［54］孟祥凤，王冬艳，李红. 老工业城市收缩与城市紧凑相关性研究：以吉林四平市为例［J］. 经济地理，2019，39（4）：67－74.

［55］孟兆敏，张健明，魏宗财. 快速城市化背景下城市基本公共服务配置有效性的理论研究［J］. 城市发展研究，2014，21（8）：63－68.

[56] 聂华林，韩燕，钱力．基于面板数据的我国人口城市化与经济增长动态比较研究［J］．软科学，2012，26（5）：27 - 31.

[57] 聂翔宇，刘新静．城市化进程中"鬼城"的类型分析及其治理研究［J］．南通大学学报（社会科学版），2013，29（4）：111 - 117.

[58] 彭颖，陆玉麒．成渝经济区县域经济差异的空间分析［J］．人文地理，2010，25（5）：97 - 102.

[59] 戚伟，刘盛和，金凤君．东北三省人口流失的测算及演化格局研究［J］．地理科学，2017，37（12）：1795 - 1804.

[60] 饶会林．城市经济学［M］．大连：东北财经大学出版社，2002.

[61] 苏东水．产业经济学［M］．北京：高等教育出版社，2015.

[62] 孙爱军，刘生龙．人口结构变迁的经济增长效应分析［J］．人口与经济，2014，35（1）：37 - 46.

[63] 孙东琪，张京祥，胡毅，周亮，于正松．基于产业空间联系的"大都市阴影区"形成机制解析：长三角城市群与京津冀城市群的比较研究［J］．地理科学，2013，33（9）：1043 - 1050.

[64] 孙青，张晓青，路广．中国城市收缩的数量、速度和轨迹［J］．城市问题，2019，38（8）：24 - 29.

[65] 谭海鸣，姚余栋，郭树强，宁辰．老龄化、人口迁移、金融杠杆与经济长周期［J］．经济研究，2016，51（2）：69 - 81，96.

[66] 陶希东．城市衰退的二元理论解释及其防范策略［J］．创新，2014，8（6）：19 - 24，126.

[67] 童玉芬，王莹莹．中国流动人口的选择：为何北上广如此受青睐？：基于个体成本收益分析［J］．人口研究，2015，39（4）：49 - 56.

[68] 王欢，黄健元，王薇．人口结构转变、产业及就业结构调整背景下劳动力供求关系分析［J］．人口与经济，2014，35（2）：96 - 105.

[69] 王建国，李实．大城市的农民工工资水平高吗？［J］．管理世界，2015，31（1）：51 - 62.

[70] 王俊松．集聚经济、相关性多样化与城市经济增长：基于279个地级及以上城市面板数据的实证分析［J］．财经研究，2016，

42 (5)：135 – 144.

[71] 王秋石，王一新，杜骐臻. 中国去工业化现状分析 [J]. 当代财经，2011，32 (12)：5 – 13.

[72] 王圣云，翟晨阳. 长江经济带城市集群网络结构与空间合作路径 [J]. 经济地理，2015，35 (11)：61 – 70.

[73] 王伟同，魏胜广. 人口向小城市集聚更节约公共成本吗？[J]. 财贸经济，2016，37 (6)：146 – 160.

[74] 王雅莉. 中国新型城市化道路的包容性发展研究 [J]. 城市发展研究，2012，18 (10)：6 – 11.

[75] 王颖，佟健，蒋正华. 人口红利、经济增长与人口政策 [J]. 人口研究，2010，34 (5)：28 – 34.

[76] 王裕明，吉祥，刘彩云. 上海市人口结构变化预测研究 [J]. 上海经济研究，2014，31 (3)：89 – 98.

[77] 王悦荣. 城市基本公共服务均等化及能力评价 [J]. 城市问题，2010，29 (8)：9 – 16.

[78] 王增文. 人口迁移、生育率及人口稳定状态的老龄化问题研究 [J]. 中国人口·资源与环境，2014，24 (10)：114 – 120.

[79] 王振，周海旺，周冯琦，薛艳杰，王晓娟. 长江经济带经济社会的发展 (2011—2015) [J]. 上海经济，2016，33 (6)：5 – 25.

[80] 魏亚平，贾志慧. 创新型城市创新驱动要素评价研究 [J]. 科技管理研究，2014，34 (19)：1 – 5，20.

[81] 温佳楠，宋迎昌，任呆. 中国城市收缩状况评估：基于地级及以上城市市辖区数据的测算 [J]. 城市问题，2019，38 (9)：4 – 10.

[82] 吴波，陈霄，李标. 城市规模的工资溢价：基于全国流动人口动态监测数据 [J]. 南方经济，2017，35 (11)：1 – 16.

[83] 吴鑑洪. 面板数据模型中随机效应存在性检验的理论研究及其实证分析 [J]. 统计研究，2011，28 (9)：95 – 100.

[84] 吴康，龙瀛，杨宇. 京津冀与长江三角洲的局部收缩：格局、类型与影响因素识别 [J]. 现代城市研究，2015，40 (9)：26 – 35.

[85] 吴相利，臧淑英. 伊春市森林生态旅游开发模式 [J]. 经济地

理，2006，26（6）：1071 - 1075.

[86] 夏怡然，陆铭．城市间的"孟母三迁"：公共服务影响劳动力流向的经验研究［J］．管理世界，2015，31（10）：78 - 90.

[87] 夏怡然，苏锦红，黄伟．流动人口向哪里集聚？：流入地城市特征及其变动趋势［J］．人口与经济，2015，36（3）：13 - 22.

[88] 肖智，张杰，郑征征．劳动力流动与第三产业的内生性研究：基于新经济地理的实证分析［J］．人口研究，2012，36（2）：97 - 105.

[89] 谢莹．昆明呈贡新区"鬼城"的产生及其蜕变机制研究［M］//中国城市规划学会．城乡治理与规划改革：2014 中国城市规划年会论文集（11 规划实施与管理）．北京：中国建筑工业出版社，2014：12.

[90] 许旭，金凤君，刘鹤．成渝经济区县域经济实力的时空差异分析［J］．经济地理，2010，30（3）：388 - 392.

[91] 杨成钢，闫东东．质量、数量双重视角下的中国人口红利经济效应变化趋势分析［J］．人口学刊，2017，39（5）：25 - 35.

[92] 杨东峰，龙瀛，杨文诗，孙晖．人口流失与空间扩张：中国快速城市化进程中的城市收缩悖论［J］．现代城市研究，2015，30（9）：20 - 25.

[93] 杨晓波，孙继琼．成渝经济区次级中心双城一体化构建：基于共生理论的视角［J］．财经科学，2014，58（4）：91 - 99.

[94] 杨振山，杨定．城市发展指数指引下的我国收缩区域初步评判［J］．人文地理，2019，34（4）：63 - 72.

[95] 于婷婷，宋玉祥，浩飞龙，李秋雨，朱邦耀．东北地区人口结构对经济增长的影响［J］．经济地理，2016，36（10）：26 - 32.

[96] 于潇，李袁园，雷峻一．我国省际人口迁移及其对区域经济发展的影响分析："五普"和"六普"的比较［J］．人口学刊，2013，35（3）：5 - 14.

[97] 袁晓玲，等．对城市化质量的综合评价分析［J］．城市发展研究，2008，15（2）：38 - 42.

[98] 翟振武．中国城市化与城市人口老龄化的趋势与对策［J］．中国人口科学，1996，10（5）：11 - 17.

[99] 张超，王春杨，吕永强，沈体雁．长江经济带城市体系空间结

构：基于夜间灯光数据的研究［J］. 城市发展研究，2015，22（3）：19 - 27.

［100］张京祥，冯灿芳，陈浩. 城市收缩的国际研究与中国本土化探索［J］. 国际城市规划，2017，32（5）：1 - 9.

［101］张莉. 增长的城市与收缩的区域：我国中西部地区人口空间重构：以四川省与河南省信阳市为例［J］. 城市发展研究，2015，22（9）：74 - 80.

［102］张力. 流动人口对城市的经济贡献剖析：以上海为例［J］. 人口研究，2015，39（4）：57 - 65.

［103］张明斗，刘奕，曲峻熙. 收缩型城市的分类识别及高质量发展研究［J］. 郑州大学学报（哲学社会科学版），2019，60（5）：47 - 51.

［104］张明斗，曲峻熙. 长江中游城市群城市收缩的空间格局与结构特征［J］. 财经问题研究，2019，41（8）：113 - 121.

［105］张明斗，曲峻熙. 城市精明收缩的空间模式、分析框架与实施路径［J］. 学习与实践，2018，35（12）：16 - 25.

［106］张菀洺. 我国教育资源配置分析及政策选择：基于教育基尼系数的测算［J］. 中国人民大学学报，2013，27（4）：89 - 97.

［107］张伟，单芬芬，郑财贵，等. 我国城市收缩的多维度识别及其驱动机制分析［J］. 城市发展研究，2019，26（3）：32 - 40.

［108］张学良，刘玉博，吕存超. 中国城市收缩的背景、识别与特征分析［J］. 东南大学学报（哲学社会科学版），2016，18（4）：132 - 139.

［109］张学良，张明斗，肖航. 成渝城市群城市收缩的空间格局与形成机制研究［J］. 重庆大学学报（社会科学版），2018，24（6）：1 - 14.

［110］张泱. 黑龙江省伊春林区生态林业可持续发展分析［J］. 东北林业大学学报，2007，56（12）：63 - 64，70.

［111］张志达，满益群，刘永红. 国有林区政企合一改革及相关政策问题：关于大兴安岭和伊春的调研报告［J］. 林业经济，2008，30（1）：26 - 32.

［112］章昌平，米加宁，黄欣卓，等. 收缩的挑战：扩张型社会的终结还是调适的开始？［J］. 公共管理学报，2018，15（4）：1 -

16, 149.

[113] 赵丹, 张京祥. 竞争型收缩城市: 现象、机制及对策: 以江苏省射阳县为例 [J]. 城市问题, 2018, 37 (3): 12 – 18.

[114] 赵家辉, 李诚固, 马佐澎, 胡述聚. 城市精明收缩与我国老工业基地转型 [J]. 城市发展研究, 2017, 24 (1): 135 – 138, 152.

[115] 赵民, 游猎, 陈晨. 论农村人居空间的"精明收缩"导向和规划 [J]. 城市规划, 2015, 39 (7): 9 – 18.

[116] 周春芳, 苏群. 二元结构下我国城镇劳动力市场中的性别工资差异研究 [J]. 南方经济, 2017, 35 (11): 1 – 14.

[117] 周婕, 罗逍, 谢波. 2000—2010 年特大城市流动人口空间分布及演变特征: 以北京、上海、广州、武汉等市为例 [J]. 城市规划学刊, 2015, 59 (6): 56 – 62.

[118] 周恺, 钱芳芳, 严妍. 湖南省多地理尺度下的人口"收缩地图"[J]. 地理研究, 2017, 36 (2): 67 – 280.

[119] 周恺, 钱芳芳. 收缩城市: 逆增长情景下的城市发展路径研究进展 [J]. 现代城市研究, 2015, 30 (9): 2 – 13.

[120] 朱金, 李强, 王璐妍. 从被动衰退到精明收缩: 论特大城市郊区小城镇的"收缩型规划"转型趋势及路径 [J]. 城市规划, 2019, 43 (3): 34 – 40, 49.

[121] 诸大建, 刘冬华. 管理城市成长: 精明增长理论及对中国的启示 [J]. 同济大学学报 (社会科学版), 2006, 17 (4): 22 – 28.

[122] Arauzo-Carod J K. Industrial Location at the Intra-metropolitan Level: The Role of Agglomeration Economies [J]. Regional Studies, 2007, 43 (4): 1 – 35.

[123] Beauregard R A. Representing Urban Decline: Postwar Cities as Narrative Objects [J]. Urban Affairs Quarterly, 1993, 29 (2): 187 – 202.

[124] Beauregard R A. Urban Population Loss in Historical Perspective: United States, 1820 – 2000 [J]. Environment and Planning, 2009, 35 (4): 514 – 528.

[125] Bernt M. The Limits of Shrinkage: Conceptual Pitfalls and Alternatives in the Discussion of Urban Population Loss [J]. International

Journal of Urban and Regional Research, 2016, 40 (2): 441 – 450.

[126] Berry B. City Classification Handbook: Methods and Application [M]. New York: John Wiley & Son, 1971.

[127] Bontje M. Shrinks in Facing the Challenge of Shrinking Cities in East Germany: The Case of Leipzig [J]. Geo Journal, 2005, 61 (1): 13 – 21.

[128] Brandstetter B, Lang T, Pfeifer A. Umgang mit der Schrumpfenden Stadt-ein Debattenueberblick [J]. Berliner Debatte Initial, 2005, 16 (6): 55 – 68.

[129] Breusch T S, Pagan A R. The Lagrange Multiplier Test and Its Application to Model Specification in Econometrics [J]. Review of Economic Studies, 1980, 48 (47): 239 – 253.

[130] Camarda D, Rotondo F, Selicato F. Strategies for Dealing with Urban Shrinkage: Issues and Scenarios in Taranto [J]. European Planning Studies, 2015, 23 (1): 126 – 146.

[131] Chenery H B. Patterns of Development: 1950 – 1970 [M]. Oxford University Press, 1957.

[132] Clark T N, Lloyd R, Wong K K. Amenities Drive Urban Growth [J]. Journal of Urban Affairs, 2002, 24 (5): 493 – 515.

[133] Cohen B. Urbanization in Developing Countries: Current Trends, Future Projections, and Key Challenges for Sustainability [J]. Technology in Society, 2006, 28 (2): 63 – 80.

[134] Cristina M F, Ivonne A, Sylvie F, et al. Shrinking Cities: Urban Challenges of Globalization [J]. International Journal of Urban and Regional Research, 2012, 36 (2): 213 – 225.

[135] Cunningham-Sabot E C S, Fol S. Schrumpfende Stäedte in Westeuropa: Fall-Studien aus Frankreich und Grossbritannien [J]. Berliner Debatte Initial, 2007, 18 (1): 22 – 35.

[136] Drakakis-Smith D, Dixon C. Sustainable Urbanization in Vietnam [J]. Geoforum, 1997, 28 (1): 21 – 38.

[137] Fay M, Opal C. Urbanization without Growth: A Not so Uncommon Phenomenon [R]. The World Bank. Washington, DC. Working

Paper，2000.

[138] Goral S D，Kalvire P R. Socio-Economic Impacts of Urbanization on Rural Community [J]. Global Economic Research，2012，46 (5)：41 –47.

[139] Haase A，Rink D，Grossmann K，et al. Conceptualizing Urban Shrinkage [J]. Environment and Planning A，2014，46 (7)：1519 –1534.

[140] Hall P. Urban Future 21：a Global Agenda for Twenty-First Century Cities [M]. London：Routledge，2000：466 –466.

[141] Hass J E，Lathrop R G. Land Resource Impact Indicators of Urban Sprawl [J]. Applied Geography，2003，80 (3)：159 –175.

[142] Hausman J A. Specification Tests in Econometrics [J]. Econometrical，1978，48 (46)：1251 –1271.

[143] Hoyt H. The Structure and Growth of Residential Neighborhoods in American Cities [M]. New York：McGraw-Hill，1939：39 –50.

[144] Keeble D，Wilkinson F. Collective Learning and Knowledge Development in the Evolution of Regional Cluster and of High-technology SMEs in Europe [J]. Regional Studies，1999，35 (4)：295 –303.

[145] Kolko J. Urbanization，Agglomeration，and Coagglomeration of Service Industries [M]. The University of Chicago Press，2010.

[146] Leo C，Brpwn W. Slow Growth and Urban Development Policy [J]. Journal of Urban Affairs，2000，22 (2)：193 –213.

[147] Lotscher L. Shrinking East German Cities？ [J]. Geographica Polonica，2005，78 (1)：79 –98.

[148] Lucas R E. On the Mechanics of Economic Development [J]. Journal of Monetary Economics，1988，22 (2)：3 –42.

[149] Magura T，Lövei G L. Does Urbanization Decrease Diversity in Ground Beetle (Carabidae) Assemblages？ [J]. Global Ecology and Biogeography，2010，19 (1)：16 –26.

[150] McDadea W，Adair L S. Defining the "Urban" in Urbanization and Health：A Factor Analysis Approach [J]. Social Science & Medicine，2001，53 (3)：55 –70.

[151] McDonald R I, Kareiva P. The Implications of Current and Future Urbanization for Global Protected Areas and Biodiversity Conservation [J]. Biological Conservation, 2008, 141 (4): 1695 – 1703.

[152] Moomaw R L, Shatter A M. Urbanization and Economic Development: A Bias Toward Large Cities [J]. Journal of Urban Economics, 1996, 40 (1): 13 – 37.

[153] MyCOS. Chinese 4-year College Graduate's Employment Annual Report [M]. Beijing: Social Science Academic Press (China), 2016.

[154] Mykhnenko V, Turok I. East European Cities—Patterns of Growth and Decline, 1960 – 2005 [J]. International Planning Studies, 2008, 13 (4): 311 – 342.

[155] Northam R M. Urban Geography [M]. New York: John Wiley & Sons, 1975.

[156] Oswalt P, Rieniets T. Atlas of Shrinking Cities [M]. Ostfildern: Hatje Cantz Verlag, 2006.

[157] Pagaon M, Bowman A. Vacant Land as Opportunity and Challenge [R]. Recycling the City: The Use and Reuse of Urban Land. Cambridge, MA: Lincoln Institute, 2004.

[158] Pallagst K. Shrinking Cities in the United States of America: Three Cases, Three Planning Studies [R]. Berkely, CA: Center for Global Metropolitan Studies, 2009.

[159] Panagopoulos T, et al. Influences on Citizens' Policy Preferences for Shrinking Cities: A Case Study of Four Portuguese Cities [J]. Regional Studies, Regional Science, 2015, 2 (1): 140 – 169.

[160] Paul B. Cities and Economic Development [M]. Chicago University Press, 1991.

[161] Philipp O. Shrinking Cities Volume 1: International Research [M]. Ostfildern: Hatje Cantz Publishers, 2006.

[162] Popkin B. Urbanization, Lifestyle Changes and the Nutrition Transition [J]. World Development, 1999, 27 (11): 1905 – 1916.

[163] Popper D E, Popper F J. Small can be Beautiful: Coming to Terms

with Decline [J]. Planning, 2002, 68 (7): 20 – 23.

[164] Ravallion M, Chen S, Sangraula P. New Evidence on the Urbanization of Global Poverty [J]. Population and Development Review, 2007, 35 (4): 667 – 701.

[165] Renaud B. National Urbanization Policy in Developing Countries [M]. Oxford University Press, 1981.

[166] Richardson H W, Nam C W. Shrinking Cities: A Global Perspective [M]. Routledge, 2014.

[167] Rieniets T. Shrinking Cities: Causes and Effects of Urban Population Losses in the Twentieth Century [J]. Nature and Culture, 2009, 4 (3): 231 – 254.

[168] Romer P. Increasing Returns and Long-Run Growth [J]. Journal of Political Economy, 1986, 94 (4): 1002 – 1037.

[169] Rusk D. Cities without Suburbs [M]. Washington DC: The Wood-Row Wilson Center Press, 1995: 10 – 16.

[170] Savitch H, Kantor P. Urban Strategies for a Global Era: A Cross-National Comparison [J]. American Behavioral Scientist, 2003, 46 (8): 1002 – 1033.

[171] Schetke S, Haase D, Breuste J. Green Space Functionality under Conditions of Uneven Urban Land Use Development [J]. Journal of Land Use Science, 2010, 5 (2): 143 – 158.

[172] Schilling J, Logan J. Greening the Rust Belt: A Green Infrastructure Model for Right America's Shrinking Cities [J]. Journal of the American Planning Association, 2008, 74 (4): 451 – 466.

[173] Schilling J, Snyder K. Vacant Properties: The True Costs to Communities [R]. National Vacant Properties Campaign, 2005.

[174] Tuxok I, Myklmenko V. The Trajectories of European Cities, 1960 – 2005 [J]. Cities, 2007, 24 (3): 165 – 182.

[175] Wiechmann T, Pallags K M. Urban Shrinkage in Germany and the USA: A Comparison of Transformation Patterns and Local Strategies [J]. International Journal of Urban and Regional Research, 2012, 36 (2): 261 – 280.

[176] Xiana G, Crane M. An Analysis of Urban Development and its En-

vironmental Impact on the Tampa Bay Watershed [J]. Journal of Environmental Management, 2007, 35 (4): 965 – 976.

[177] Yasuyuki M, Miho S, Kazuto K, Kiyoshi H. A Case of Hemangiopericytoma of the Soft Palate with Articulate Disorder and Dysphagia [J]. International Journal of Oral Science, 2013, 5 (2): 111 – 114.

[178] Zhang J X, Zhao D, Chen H. Termination of Growth Supremacism and Transformation of China's Urban Planning [J]. City Planning Review, 2013, 37 (1): 45 – 50, 55.

图书在版编目（CIP）数据

东北地区城市收缩的空间结构与体系协同研究/张明斗著.
—北京：经济科学出版社，2020.12
国家社科基金后期资助项目
ISBN 978 - 7 - 5218 - 1827 - 7

Ⅰ.①东… Ⅱ.①张… Ⅲ.①城市空间 - 空间结构 -
研究 - 东北地区 Ⅳ.①TU984.23

中国版本图书馆 CIP 数据核字（2020）第 163292 号

责任编辑：程辛宁
责任校对：杨　海
责任印制：王世伟

东北地区城市收缩的空间结构与体系协同研究
张明斗　著
经济科学出版社出版、发行　新华书店经销
社址：北京市海淀区阜成路甲 28 号　邮编：100142
总编部电话：010 - 88191217　发行部电话：010 - 88191522
网址：www. esp. com. cn
电子邮箱：esp@ esp. com. cn
天猫网店：经济科学出版社旗舰店
网址：http://jjkxcbs. tmall. com
固安华明印业有限公司印装
710×1000　16 开　13.5 印张　2 插页　230000 字
2020 年 12 月第 1 版　2020 年 12 月第 1 次印刷
ISBN 978 - 7 - 5218 - 1827 - 7　定价：68.00 元
（图书出现印装问题，本社负责调换。电话：010 - 88191510）
（版权所有　侵权必究　打击盗版　举报热线：010 - 88191661
QQ：2242791300　营销中心电话：010 - 88191537
电子邮箱：dbts@ esp. com. cn）